你不可不知的

NI BUKE BUZHI DE SHIWAN GE YUZHOU ZHI MI

十万个宇宙之谜

禹田 编著

云南出版集团　晨光出版社

前　言
PREFACE

　　在这个充满谜团的世界上，有许多知识是我们必须了解和掌握的。这些知识将告诉我们，我们生活在怎样一个变幻万千的世界里。从浩瀚神秘的宇宙到绚丽多姿的地球，从远古生命的诞生到恐龙的兴盛与衰亡，从奇趣无穷的动植物王国的崛起到人类——这种高级动物成为地球的主宰，地球经历了沧海桑田，惊天巨变，而人类也从钻木取火、刀耕火种逐步迈向机械化、自动化、数字化。社会每向前迈进一小步，都伴随着知识的更迭和进步。社会继续往前发展，知识聚沙成塔、汇流成河，其间的秘密该如何洞悉？到了科学普及的今天，又该如何运用慧眼去捕捉智慧的灵光、缔造新的辉煌？武器作为科技发展的伴生物，在人类追求和平的进程中经历了怎样的发展变化？它的未来将何去何从？谜团萦绕，唯有阅读可以拨云见日。

这套定位于探索求知的系列图书，按知识类别分为宇宙、地球、生命、恐龙、动物、人体、科学、兵器 8 册，每册书内又分设了众多不同知识主题的章节，结构清晰，内容翔实完备。另外，全套书均采用了问答式的百科解答形式，并配以生动真切的实景图片，可为你详尽解答那些令你欲知而又不明的疑惑。

当然，知识王国里隐藏的秘密远不止于此，但探索的征程却会因为你的阅读参与而起航。下面，快快进入美妙的阅读求知之旅吧，让你的大脑来个知识大丰收！

目 录
CONTENTS

 第一章
太阳系家园

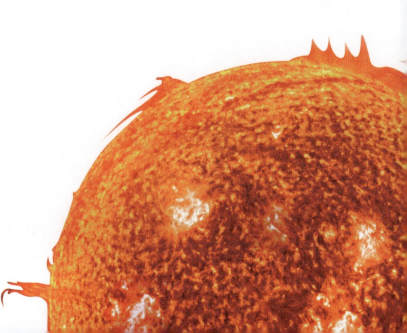

第二章
宇宙星际

第三章
太空探索

第一章

太阳系家园

太阳是许多星球的母亲，孩子们绕着它不停运转。地球夹在这些孩子当中，只能排在最小的行辈中。但无论它行辈大小，地球总是绕着太阳不息地旋动着。

1 太阳系中都有些什么?

太阳系是以太阳为中心的所有受到太阳引力约束的天体的集合体,包括 8 颗行星、上百颗已知的卫星、5 颗已经辨认出来的矮行星和数以亿计的太阳系小天体。这些小天体包括小行星、流星体、"柯伊伯带"的天体、彗星和星际尘埃。

2 是谁发现了太阳系？

从前，人们一直认为地球是宇宙的中心。1543 年，波兰天文学家哥白尼公开发表了他的著作《天体运行论》。在书中，他提出"太阳中心说"，指出地球和其他行星都绕太阳运行，月球则绕地球运行。虽然哥白尼没有提到"太阳系"这个词，但他的理论已点明了太阳系的存在。

哥白尼画像

3 恒星和行星有什么区别？

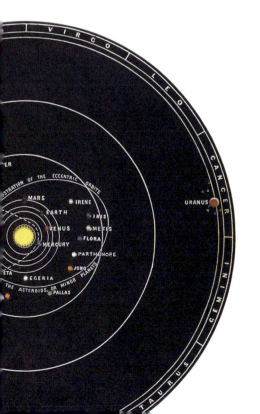

恒星也在不断地运动，只是由于距离地球太远，在短时间内感觉不到它们之间互相位置的改变，行星围绕一定的恒星运动；恒星会发光，有很高的温度，行星一般不发光，只能反射恒星的光；恒星的质量和体积都比行星大得多。太阳就是一颗恒星。水星、金星、地球、火星、木星、土星、天王星和海王星都是行星。

3

⁴ 八大行星是怎样分类的？

太阳系的八大行星按照它们的质量大小和化学成分，可以分为两大类：一类是类地行星，除了地球以外，还包括水星、金星、火星，它们的结构跟地球相似，以岩石为主；另一类叫类木行星，包括木星、土星、天王星和海王星，它们的结构与木星相似，以气体为主。

⁵ 行星之间为什么不会相撞？

太阳系各大行星之间的距离是很远的，就连离地球最近的月球，到地球也有 38 万千米呢！各大行星都有自己的运行轨道，不会擅自离开自己的位置，所以它们是不会相撞的。

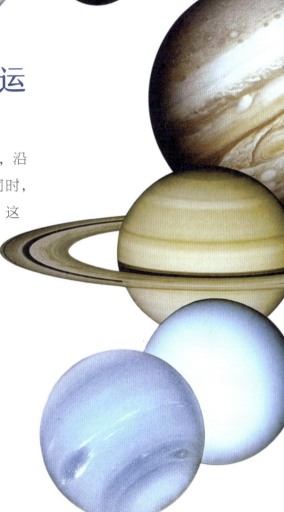

6 八大行星是怎样运动的？

八大行星都以太阳为中心，沿着椭圆形的轨道公转。与此同时，每颗行星还绕着自身的轴自转。这八大行星中，除金星是自东向西自转外，其他行星都是自西向东自转。

7 什么是行星的逆行？

行星相对于恒星的运行方向大多是自西向东的，与地球绕太阳运行的方向相同，行星的这种运动被称为顺行。如果运行方向相反，是自东向西运动的，那么行星的这种运动就被称为逆行。

5

8 太阳有多大？

从地球上看，太阳很小，像一个大盘子。事实上，太阳非常大，直径达 140 万千米左右，是地球直径的 109 倍；按表面积计算，它大约是地球的 12500 倍。如果把地球装进太阳里，要 130 万个地球才能把太阳装满。可是太阳离地球很远，大约有 1.5 亿千米，它发出的光到达地球也得花上 8 分 18 秒，因此巨大的太阳在地球上看就只有盘子般大小。

9 太阳有多重？

天文学家测出太阳大约重 2×10^{30} 千克，相当于 33 万个地球之和，太阳的重量占了整个太阳系的 99.86%。正是因为太阳如此重，它才能使八大行星绕着自己旋转，而无法离开。

10 太阳为什么会东升西落？

地球在绕太阳公转的同时，还在进行自转，自转方向是自西向东。由于我们生活在地球上，感觉不到地球自转，所以在看太阳时，觉得似乎是太阳绕着地球转，方向就反过来了，成了自东向西，于是太阳就有了东升西落的现象。

11 为什么早上的太阳看起来比中午的大？

其实，早上的太阳和中午的太阳一样大，看起来不一样与光线的折射和错觉有关。早上太阳刚出来，光线是斜射过来的，因为折射的原因，太阳看着大点儿，再加上它照亮了整个大地，参照地上比较暗的景物，人们感觉它又红又大。到了中午，太阳升到当空，阳光直射，再对比空旷明亮的天空，它看上去就好像没有早上那么大了。

12 为什么说太阳是个大火球？

太阳表面的温度在 6000℃ 左右。而炼钢炉里面的温度一般只有 1700℃，比起太阳表面的温度要低得多。太阳表面的所有物质都是电离的等离子体。太阳中心的温度据推算在 1500 万℃ 以上。所以说太阳是个超大超高温的火球。

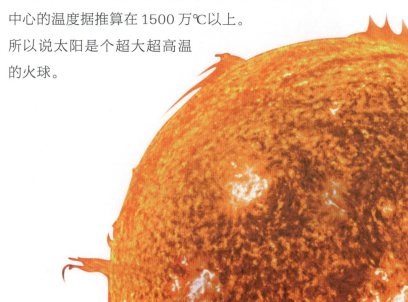

13 太阳为什么能够发光发热？

　　太阳能源来自于太阳内部的热核聚变。太阳内部的高温、高压导致氢原子核发生一系列的变化（热核聚变），结合形成氦原子核，同时释放出巨大的能量，产生光和热。而且太阳内部氢的含量极其丰富，至少能进行 100 亿年的热核反应。

14 太阳能散发出多少能量？

　　太阳每秒钟散发出来的热量为 3.8×10^{26} 焦耳，相当于地球上每平方千米爆炸 180 个氢弹产生的能量，而我们地球只得到了太阳能量的 22 亿分之一，就可以造福苍生了。

¹⁵ 什么是日食？

　　日食同月食一样，都是地球上能欣赏到的奇特天文现象。月球运动到地球和太阳中间时，太阳光被月球挡住，不能射到地球上来，这种现象叫日食。太阳光全部被月球挡住时的现象叫日全食，部分被挡住时的现象叫日偏食，中心部分被挡住边缘仍明亮的现象叫日环食。

16 为什么各地看日食的时间会有所不同？

因为月球绕地球公转的速度比地球自转的速度快，月球的影锥以一定的速度自西向东在地球上扫过，影锥扫过的地方就发生了日食，所以不同地方的人看到的日食时间也就不同。

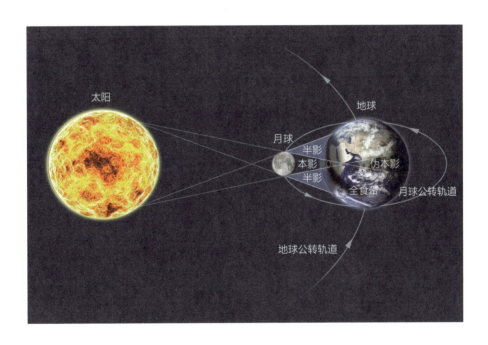

17 日全食过程分几个步骤？

当日轮的西边缘与月球的东边缘相切时，日食刚开始，称为初亏；月球的东圆面与日轮的东边缘相内切时称为食既；日、月两圆面中心最接近时称为食甚，是日食的最高峰；两圆面再次内切，是生光；最后两圆面再外切的一刹那，称为复圆。

18 太阳共分为几个层次?

太阳大约形成于 50 亿年前,现在正处于旺盛的中年时期,是一颗比较稳定的恒星。太阳从中心到边缘依次分为四个层次,分别为核反应层、辐射层、对流层和太阳大气层。

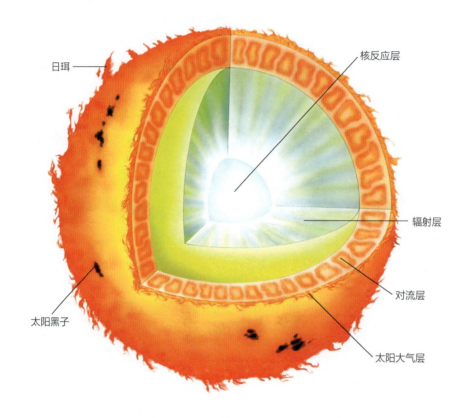

日珥

核反应层

辐射层

对流层

太阳黑子

太阳大气层

19 太阳大气层是由什么构成的?

太阳大气层是太阳分层结构中最外面的部分,由三个层次构成,包括光球层、色球层和日冕层。太阳大气层各个层次有着各自不同的特点。

20 太阳表面温度指的是哪一部分的温度？

太阳的可见圆面是光球层，它在太阳大气的底层，厚度约为 500 千米。人们经常把光球层看做太阳的整体，太阳的形状和大小都是根据光球层测定的，太阳表面温度也是指光球层的温度。

21 太阳的哪一部分被称为"燃烧的草原"？

我们用肉眼看到的太阳只是太阳的光球层，其实在光球层外面还包围着一层红色的气体，叫作色球层。平时，色球层湮没在蓝天之中不可见，只有当日全食时才能看到。色球层的温度很高，看起来像着了大火的草原，所以被称为"燃烧的草原"。

22 太阳表面的"火焰喷泉"是什么?

色球层上喷出的形状各异的火焰,有的像拱桥,有的像红飘带,人们把这种奇特的景象称之为"火焰喷泉",而整体看来它们的形状恰似贴附在太阳边缘的耳朵,由此得名为"日珥"。日珥是突出在太阳边缘外面的一种太阳活动现象。

23 日冕层是由什么组成的?

日冕层是太阳大气的最外层,呈银白色或淡黄色的光辉物质。它由高温、低密度的等离子体组成,其中主要物质是质子、高度电离的离子和高速运动的自由电子。日冕层的温度极高,可达 100 万℃,但是它的亮度却只及光球层的百万分之一。

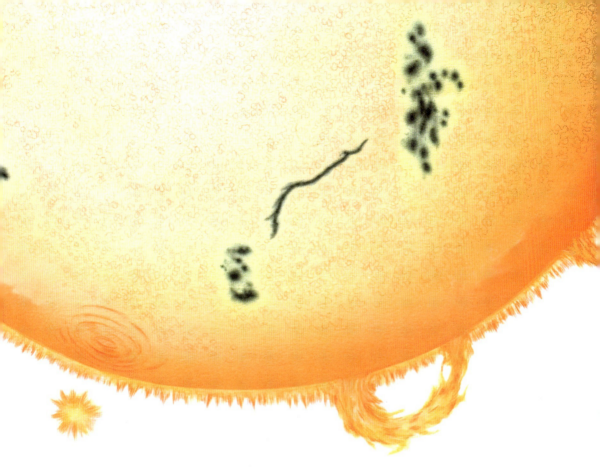

24 日冕和太阳黑子有什么联系?

黑子数量的多少可以影响日冕的射线。当黑子数量极盛时,日冕射线是朝着所有方向的;当黑子数量极少时,日冕射线在太阳赤道一带伸展较长,而在两极处则较短。

25 太阳上也刮风吗?

太阳上也有"风",称为太阳风。不过它可不是地球上吹的那种风,而是带电粒子流,能够通过人造卫星仪器检测到。带电粒子流是由太阳辐射出的各种粒子组成的,它们能到达地球并包围地球,使地球笼罩在太阳风之中。

26 什么是太阳黑子?

太阳黑子是太阳表面气体的旋涡,由于温度比周围区域低,从地球上看像是太阳表面的黑斑,所以称太阳黑子,也叫日斑。太阳黑子有很强的磁场,会影响地球上的短波无线电通信。

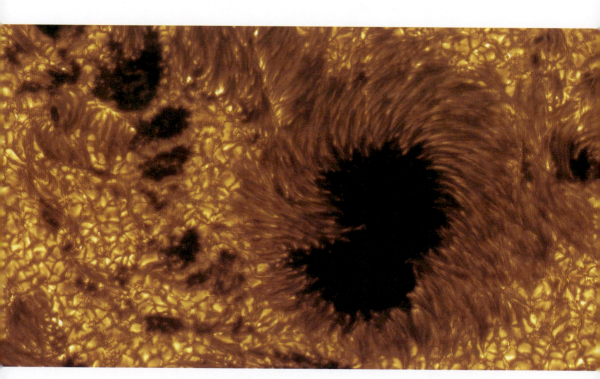

27 太阳黑子很黑吗?

太阳黑子只是比太阳表面其他地方要黑一些的区域,其实温度也很高。太阳表面的温度为 6000℃ 左右,黑子的温度要比太阳表面的温度略低 1000℃ ~ 2000℃,因此在光亮的背景下就显得比较暗。单独看它其实也是很亮的。

28 太阳黑子会削弱太阳的亮度吗？

人们认为，太阳上出现了黑斑，太阳的亮度就会减弱。实际上正相反，黑斑越多太阳就越亮。天文学家研究发现，太阳黑子出现的同时会有大量耀斑出现，耀斑分布在黑子的周围或太阳的表面，除了能补偿黑斑损失的亮度之外，还有剩余光亮。

29 什么是太阳活动？

太阳活动是太阳大气层里一切活动现象的总称，主要有太阳黑子、耀斑、日珥等。人们把黑子出现相对数量较大的年份称为太阳活动极大年，把黑子出现相对数量较小的年份称为太阳活动极小年，活动周期平均为 11 年。太阳活动极大年时，太阳会辐射出大量高能带电粒子，它们会对地球产生一些危害。

30 太阳活动中最剧烈的现象是什么?

色球层上会突然出现发亮并迅速增强的现象,称色球爆发,也叫耀斑。这种爆发十分猛烈,是太阳各种活动中最为剧烈的现象。耀斑多出现在黑子区的上空,是太阳活动的主要标志。

31 耀斑到底有多大能量?

耀斑出现的时间大都很短,每次在几分钟到几十分钟之间。耀斑每次释放的能量都极大,最大有 10^{25} 焦耳,相当于上百亿颗巨型氢弹同时爆炸释放的能量,能使太阳辐射出的粒子流和各种射线迅速增强。

32 太阳与地球的距离是固定的吗？

　　地球是以一个椭圆形的轨道绕着太阳进行公转的，太阳不在轨道的中心位置上，而在一个焦点上，因此地球与太阳的距离是经常变化的。1月3日左右，地球处在近日点，距离太阳约1.471亿千米；7月4日左右，地球处在远日点，距离太阳约1.521亿千米。

33 太阳离地球近时就是夏天吗？

　　从感觉上，人们会觉得如果太阳离我们近，地球上就应该比较热。事实上，冷暖主要取决于太阳光射入地球的角度，角度越大气候越热，与太阳离我们的远近无关。当我国处于夏季时，太阳其实是离我们最远的。

34 什么是太阳辐射强度？

太阳辐射强度是表示太阳辐射强弱的物理量，即在单位时间内垂直投射到单位面积上的太阳辐射能量，单位是焦耳 / 厘米^2·分。太阳辐射强度与日照时间成正比，而日照时间的长短随纬度和季节的变化而变化。

35 太阳高度角是怎样影响太阳辐射强度的？

同一束光线在直射时，照射面积最小，单位面积获得的能量就最大；如果斜射，照射的面积增大了，那么单位面积上获得的能量就减少了。所以说，太阳高度角越大，太阳辐射强度就越大。

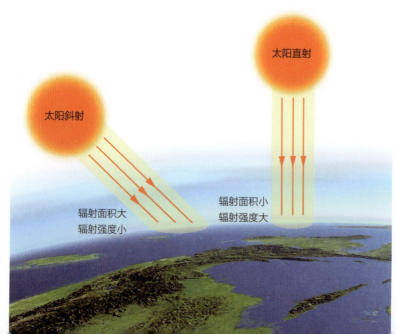

太阳斜射

太阳直射

辐射面积大
辐射强度小

辐射面积小
辐射强度大

地球表面积的71%被水覆盖，地球是太阳系唯一一个在表面拥有液态水的行星。

36 地球有多大？

地球在太阳系八大行星兄弟中排行老五。地球的表面积约5.1 亿平方千米，重约 6×10^{24} 千克。假使从地球最北端的北极一直向南，到达最南端的南极，得有 2 万千米。要是乘坐时速800 千米的喷气式飞机，需要 25 小时才能到达。假如沿赤道向东或向西飞行整整一圈，再回到出发点，需要 50 多个小时。

37 地球是什么样子的?

地球是距太阳第三近的行星,位于水星和金星之后,也是太阳系中唯一存在生命的行星。地球大部分表面被海洋覆盖,就像是一个大水球。地球的形状是稍扁的椭球,赤道半径约为6378 千米,极半径约为 6356 千米,看起来有点像梨。

38 地球为什么不会飞向太阳?

太阳对地球有很大的吸引力,可是地球却不会被太阳拉过去。这是因为地球绕着太阳做圆周运动的速度相当大,产生了一个惯性离心力,这个离心力与太阳的引力相平衡,使得地球总处在一个平面轨道上绕太阳运行,而不会飞向太阳。其实除了地球,太阳系内的其他几个行星也是因为这个原因才绕着太阳运动的。

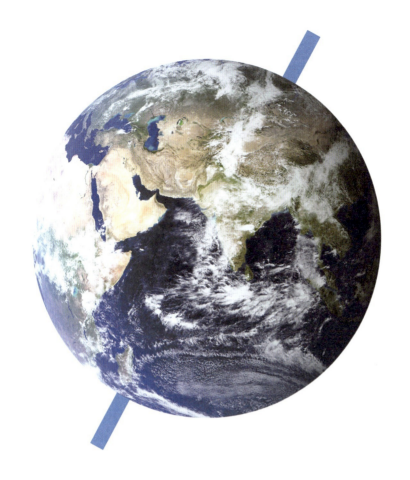

39 地球公转的轨道是什么形状的？

地球在自转的同时，还在不停地绕着太阳公转。地球以29.8 千米／秒的速度绕着太阳转动，并按照固定的轨道运行，这个轨道呈椭圆形。太阳并不在这个椭圆形轨道的中心，而在其中的一个焦点上。地球公转一圈就是一年。

40 地球是斜着身子运动的吗？

地球是绕着一根假想的自转轴转动的，简称地轴。通过地心并与地轴垂直的平面叫赤道面。赤道面同绕太阳公转轨道的平面（黄道面）不是一致的，而是倾斜成 23° 26′ 的角，所以地球是斜着身子自转的，也是斜着身子绕太阳公转的。

41 为什么我们感觉不到地球在运动？

通常，我们都是通过观察周围景物的相对移动来判断我们自身运动的。景物离得越近，在视觉上它的相对运动就越明显。但在宇宙中，星星距离我们很远，它们的移动很难被察觉，因此我们无法凭它们来判断地球的运动。另外，地球上的所有事物和我们一样，随着地球一起运动，所以我们感觉不到地球在转动。

42 太阳系中只有地球上存在生命吗？

到目前为止，太阳系中除了地球之外，还没有确切发现任何形式的生命存在。地球之所以是太阳系中唯一一颗有生命存在的星球，那是因为这里具有生命存在的前提条件，即有充足的氧气、水和适宜的温度，而其他星球上都不具备这些条件。

43 月球是怎样运动的？

月球是地球的卫星，我们习惯上称它为月亮。月球除了会自转以外，还绕着地球公转，与此同时它又被地球带着围绕太阳运动。因此，月球的运动情况是非常复杂的。

44 月亮为什么会有阴晴圆缺？

月球绕着地球旋转，它的圆缺变化是由太阳、地球、月球三者之间的位置来决定的。当月球处在地球和太阳之间的时候，人们就看不见月球；当月球转出这个位置露出一部分的时候，人们又可以看见月牙了。

45 什么是月相？

月相就是指人眼所看到的月球表面发亮部分的形状——比如我们在地球上可以看见月亮有月牙、半月和满月等形状。月相主要包括朔（新月）、上弦、望（满月）和下弦四种。它们都有明确的发生时刻，是经过精密的轨道计算得出的。从一个满月到下一个满月大约要经历 29 天 12 小时 44 分钟，这个过程叫作一个朔望月。

46 农历十五的月亮最圆吗？

月球在椭圆轨道上绕地球转动，从一个满月到下一个满月，平均需要 29 天 12 小时 44 分钟。在"望"时，太阳、地球、月球最接近一条直线，月亮因此也最圆、最亮。但由于月球的转速有快有慢，因此每次抵达"望"的时间不同，最早在农历十五这天，但大多数情况下都会迟些，得到农历十六日甚至十七日凌晨，因此人们总说"十五的月亮十六圆"。

47 月亮为什么会一直跟着人走？

当我们步行或者坐车时，会发现月亮一直在我们的头顶上，好像在跟着我们走。这其实是由人的视觉特性造成的，因为离我们近的东西在视觉范围内消失得快，离我们远的东西消失得慢。月亮离地球有 38 万千米远，所以无论我们走到哪里都可以看见它。太阳和天空中的其他星星也是这样。

48 月亮为什么只在晚上出现？

大家都知道月亮是不会发光的天体，只有靠反射太阳光，我们才能看见它。其实农历每月初一的白天也有月亮，只是因为它对着地球的这一面正好背朝着太阳，而且太阳光又太强烈，所以我们根本看不见它。

49 月亮到底有多大？

　　平时我们见到的月亮看上去似乎和太阳差不多大，但实际上月亮比太阳小得多。月球的半径约 1738 千米，是地球的 27.28%，而太阳的半径是地球的 109 倍，也就是月球的400 多倍。

50 月亮上的一天有多长？

　　月球自转的速度很慢，因此月亮上的一天要比地球上的一天长得多。月亮上一个白天长达 360 多个小时，然后再经过同样时间的一个夜晚。准确地讲，地球一昼夜是 23 小时56 分 04 秒，那么月亮的一昼夜就相当于地球的 27.32 天。

51 在月球上说话为什么听不见声音？

月球是个没有大气的世界，缺少传播声音的介质——空气。所以，在月球上如果不借助特殊的设备，无论你怎么喊，站在你对面的人也听不到声音。

52 为什么说月球正和我们拉开距离？

现在的研究已经证实，月球正在以 3.8 厘米 / 年的速度远离地球。这是因为月球的引力在地球表面的海洋上引起了潮汐，使地球自转速度减慢，却使月球自身的公转速度加大了，增强的离心力使月球渐渐远离地球。

53 为什么我们看不到月球的另一半脸？

我们平时看见的月亮只是月球的一个半面，大致为59%。月球在绕着地球公转的同时还在自转，由于其自转和公转的角速度和方向一致，所以从地球上只能看到月球的一半脸，而且始终是这一面。

54 月球的两面有什么不同？

从人造卫星拍摄的照片上可以看到，月球背面的地势比正面的还要险峻。在月球的正面，高原、山脉与平原、低地，差不多面积各占一半。月球的背面绝大多数是小陨石坑和山脉，而平原、低地所占的面积比较小。

55 月球上的山都是环形山吗？

月球上除了环形山以外，也有和地球上类似的山脉，而且人类还以地球上的山脉名称给月球上的山脉命名。月球上最长的山脉是亚平宁山脉，它蔓延 1000 多千米。月球上山峰的高度也与地球上的差不多，在月球南极附近的最高峰的高度甚至超过珠穆朗玛峰，可达 9000 米。

56 月球表面的模样从不改变吗？

以前，很多科学家们都认为月亮是个死球，既没有生命也没有任何的月表活动。现在，他们发现月面上有暂现现象，如局部地区有时有神奇的光辉，有时有雾，有时局部地区会变色变暗，有时甚至某些环形山会突然消失或突然增大，等等。所以，月球表面实际上是不断变化的。

31

57 月球上有水吗？

　　人们一直关注月球上是否有水存在，因为水是生命之源。1998年，美国发射的"月球勘探者号"探测器发现，月球的北极和南极地区存在氢元素，这表明月球两极很可能存在冰态水，但在当时还无法确认。至今，这一研究仍在继续，并且越来越多的证据证明月球上有冰态水存在。

月球表面有阴暗的部分，也有明亮的区域。早期的天文学家在观察月球时，以为发暗的地区都有海水覆盖，因此把它们称为"海"。

58 月亮真的是"广寒宫"吗？

　　在神话传说中，月亮被称作"广寒宫"。其实这个说法并不准确，月亮上冷热温差极大：月球表面被太阳照到的地方，温度可以高达127℃，能将人烤干；而没有阳光的地方，温度又低至−183℃，会将人冻僵。

59 月海是月亮上的大海吗？

其实，月海并不是真正的海。17世纪初，意大利科学家伽利略用望远镜观测月亮时，发现月亮上有大片黑暗的地区，当时他还不知道那是平原地带，所以把那些地方误称为"海"，这一叫法就一直沿用至今。目前，在月亮上共发现了22个月海。

| 意大利科学家伽利略

60 月球为什么被视为人类的"第六大洲"？

月球是离地球最近的一颗星球，如果人类向太空移民，那么它将是最近的归宿。月球离地球近，可作为人类进军其他星球的中转站。另外，地球上所有的元素几乎都可以在月球上找到，月球上还有60多种矿物质，其中6种是地球上没有的矿物。这些资源可供人类开发利用。因此，人类将月球视为可以开发利用的"第六大洲"。

| 月球车正在探索月球。

61 从月亮上看到的地球是什么样子？

从月亮上看地球，地球也像我们看到的月球一样，是一个发光的亮球，但是比我们看到的月球要大 4 倍左右。地球上大部分的地方被海水覆盖，因此看上去是暗蓝色的，两极地区呈白色，陆地常被白云遮住。

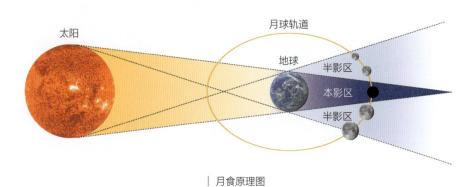

太阳　月球轨道　地球　半影区　本影区　半影区

| 月食原理图

62 月食是怎么回事？

月食是一种奇妙的自然现象。地球处在月球和太阳之间时，正好挡住太阳光，使阳光照不到月球上。月亮是靠反射太阳光才发亮的，当月亮反射不到太阳光时，人们就看不见月亮了，这就是月食。月食都是从月轮的东边缘开始的。

63 多长时间可以看见一次月食？

因为地球和月球的运动很复杂，所以月食的时间是不定的，通常一年会发生一两次。如果第一次月食发生在一月，那么这一年里就有可能发生三次月食。有时一年一次月食都没有，而且这种情况经常出现。大约每隔五年，就有一年没有月食。

64 为什么没有月环食？

很多人都见过日环食，但却没有听说过月环食。其实，月环食是根本不可能发生的，因为地球直径是月球直径的 4 倍，所以即便是在月球的轨道上，地球本影（完全变暗的影子）的直径仍是月球直径的 2.5 倍，完全挡住了阳光，根本不可能产生露出部分光亮的月环。

65 水星是什么样的？

　　水星表面和月球很像，但是比月球的表面还要崎岖不平。水星上布满了大大小小的环形山，此外还有平原、裂谷、盆地等地形，其中直径约1545千米的卡路里盆地是太阳系最大的撞击陨石坑之一。水星的半径大约只有地球的38%，质量只有地球的5.5%，表面重力只有地球的37%。水星的表面几乎没有空气。

水星表面大大小小的环形山星罗棋布，既有高山，也有平原，还有令人胆寒的悬崖峭壁。据统计，水星上的环形山有上千个，这些环形山比月亮上的环形山的坡度平缓些。

66 水星上有很多水吗？

　　从水星的名字来猜想，水星上应该有很多水，事实上水星上看不到一滴水。水星之所以叫这个名字，是因为我国古人是按"五行"（金木水火土）来命名行星的。

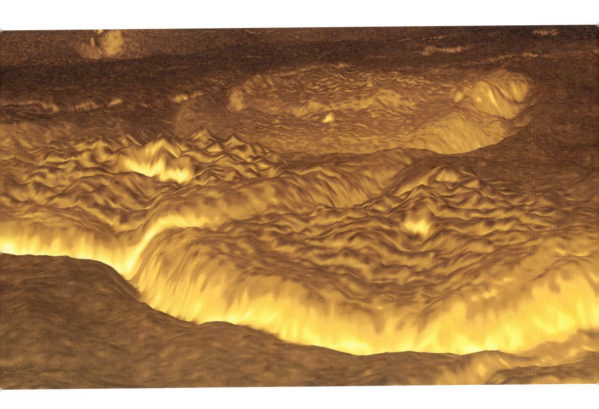

67 水星上的一年是多长时间？

　　水星是距离太阳最近的一颗行星，它绕太阳转一圈的时间是八大行星中最短的，只有 88 天（按照地球的天数算），也就是说在水星上，不到三个月就过完了一年。因为离太阳近，所以从水星上看到的太阳要比在地球上看到的太阳大 6 倍。

68 为什么说在水星上会度日如年呢？

水星的公转轨道相比其他行星来说太小了，所以它做公转运动的周期十分短。此外，水星的公转速度很快，而自转速度又比较慢，所以它的公转周期比自转周期要短，这就导致了水星上一天的时间极为漫长，所以说在水星上会有"度日如年"的感觉。

69 为什么我们平时很难看见水星？

尽管水星离地球很近，可是我们却很少看得见它，因为它离太阳太近了，常常被太阳的光辉所湮没。只有当水星离太阳的角距离最大时，我们才能观察到它，这时它非常亮，甚至可以盖过天上最亮的星星——天狼星的光芒。

70 怎样才能观测到水星？

只有当水星与太阳的角距离最大，即"大距"时，人们才有可能在黎明或日落后观测到水星，但这个时间每年都不一样。水星处在"东大距"时，可以在黄昏时分西方地平线上找到水星；水星处在"西大距"时，则在黎明时的东方低空可见。当然，也可以利用日食观察水星。

71 水星凌日是什么样的？

当水星运行到太阳和地球的中间时，有时我们会看到一个黑点从太阳表面滑过，这就是水星凌日的现象。由于水星挡住太阳的面积太小了，我们用肉眼根本看不见，只能借助望远镜进行观察。

| 水星凌日现象

72 启明星指的是哪颗星？

在太阳升起之前，东方会出现一颗很亮的星星，人们称它为"启明星"。其实启明星就是金星。在傍晚时，金星又会低垂在西边的地平线上，人们又叫它"长庚星"。金星非常亮，甚至在白天也可以看见。

73 金星的英文名字叫什么？

金星是个非常美丽的星球，距离太阳很近，很容易被我们看到。古罗马人把金星想象成爱与美的女神的化身，把它叫作"维纳斯"。在我国古代，则把金星称为"太白金星"。

74 金星是金色的吗？

金星是离我们第二近的行星，距离太阳大约 1.08 亿千米。金星的表面笼罩着一层厚厚的大气，它强烈反射阳光，使大气呈现金色。另一方面，金星表面的高温高压使地面的岩石发出暗红色的光，使金星看上去真的好像一颗金子做的星球。

金星上可谓火山密布，是太阳系中拥有火山数量最多的行星。金星没有板块构造，没有线性的火山链，没有明显的板块消亡地带。尽管金星上峡谷纵横，但没有哪一条看起来类似地球的海沟。

75 为什么说金星像个"高压锅"？

金星上那层厚厚的大气能源源不断地接收太阳光，热量却无法从大气层中散发出去；另一方面，高密度的大气制造出极高的气压。所以，金星就像个高压锅，不断地接受热量，温度越来越高，许多不耐热的物质都因高温而熔化了。

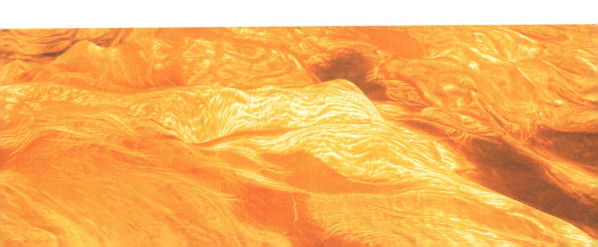

76 金星和地球有哪些相似之处？

金星的外面也有一层厚厚的大气；金星的半径约 6052 千米，是地球的 95%；金星的质量是地球的 82%，就连平均密度也与地球只差 5%。如此多相似的地方使人们一直认为，金星上很可能有高等生物存在呢！

77 金星的运动有什么独特之处？

金星自转的方向是自东向西，被人们称之为"逆向自转"。所以，从金星上看太阳是西升东落的。另外，金星自转得非常慢，在金星上的一昼夜大约相当于地球上的 243 天，金星的一年相当于地球上的 224.7 天，比它一昼夜的时间还要短一些。

78 火星上很热吗？

火星是离太阳第四近的行星，就在地球的外侧。火星接收到的太阳能只是地球接收到的 43%，因此在火星赤道上的温度最多也不会超过 20℃，冬天则为 –80℃左右。在火星的两极，最低温度能够达到 –140℃。

79 火星公转一周和自转一周各需多长时间？

火星绕太阳公转一周的时间是 687 天，约为地球绕太阳公转一周时间的两倍；它自转一周的时间则跟地球差不多，为 24 小时 39 分 35 秒。

80 为什么称火星为"天空中的小地球"？

虽然火星比地球小得多，赤道半径约为 3398 千米，但是它有很多特征与地球相似。首先，它也像地球那样歪着身子绕太阳公转，昼夜时间也仅比地球的昼夜时间长半个多小时，一年当中也有比较明显的四季。另外，火星上有些地方的温度也和地球很接近。所以，火星被称为"天空中的小地球"。

81 火星上有运河存在吗？

1877 年，在火星冲日时，意大利天文学家斯加帕雷里通过望远镜观察到火星上有些条纹，以为那是运河。一百多年后，从着陆火星的空间探测器发回的照片来看，火星上既没有生命也没有运河。

82 火星呈红色是因为上面有火吗？

　　火星表面的岩石中含有大量铁质。当这些岩石受风化作用而成为沙尘时，其中的铁质在强烈紫外线的照射下会被氧化为红色的氧化铁。由于火星上非常干燥，沙尘会被风吹得漫天飞扬，遍布表面。在太阳光照射下，氧化铁呈现出耀眼的红色，看起来好像燃烧的火焰。

83 火星上为什么会有大尘暴？

　　火星上的大气虽然比地球上的大气稀薄得多，但是火星大气常会产生强烈的对流，使地面上干燥的尘土冲天而起，形成弥漫天际的橙红色尘暴。

84 火星有几颗卫星？

1877 年 8 月，美国天文学家霍尔趁着火星冲日的好机会，对火星进行了仔细的观察。终于，他发现了两颗火星卫星，并将它们分别命名为福博斯（火卫一）和德莫斯（火卫二）。火星只有这两颗卫星。

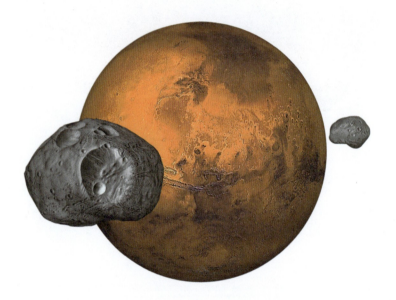

85 为什么说火卫一是颗奇怪的卫星？

火卫一又叫作福博斯，在离火星 9450 千米处绕火星运转，且运动的方向与火星自转和公转的方向一致，都是自西向东。有趣的是，火卫一的公转周期比火星的自转周期快了 3 倍多，因此在火星上观看火卫一，就会看到它西升东落的奇观，这在太阳系所有卫星中是唯一的。

86 太阳系中最大的行星是哪颗?

木星是太阳系中最大的行星,它的赤道半径达71400千米,相当于地球半径的11倍;从体积上来看,它的体积是地球体积的1316倍;它的质量也非常大,约是地球的318倍。

87 为什么说木星是一颗会发光发热的行星?

太阳系的其他行星主要靠太阳辐射的光和热来获得热量,木星却是个例外,它本身就能释放热量。有关探测结果证实,木星散发出来的能量竟然比它从太阳那里得到的还多。

88 木星的表面为什么会有不同的颜色？

我们通过望远镜可以看到，木星的表面被各种颜色的明暗条纹所覆盖，这主要是由木星表面的大气层形成的。亮的部分称为"带"，是气体上升的区域；暗的部分称为"条纹"，是气体下降的区域。

89 为什么说木星是氢的海洋？

木星外面裹着一层厚达 12 万千米的大气，它的厚度是地球大气的 8 倍。木星大气的下面是由大量固态氢和液态氢构成的氢的海洋。

90 木星上的大红斑是怎么回事？

木星的表面有一块颜色特别的大红斑，它有时鲜明，有时浅淡。大红斑实际上是一股耸立在高空云层中的巨大旋风，有点像地球上的龙卷风。

91 为什么说木星有一个庞大的家族？

木星卫星数量众多，目前已发现 79 颗，它们绕着木星旋转，构成了一个庞大的家族。其中最大的 4 颗卫星为木卫一、木卫二、木卫三、木卫四，它们又被称为伽利略卫星；最外面的 4 颗是很小的逆行卫星，即它们的轨道是逆行的。

92 木卫一有什么特点?

木卫一是除地球之外太阳系中唯一存在活火山的天体。"旅行者号"在探测木卫一时,发现那里有 9 座火山在同时喷发,喷发物高达 300 千米。剧烈的火山活动使木卫一表面覆盖着厚厚的硫黄,所以木卫一看起来呈现橘黄色。

| 木卫二

| 木卫一

93 木卫二为什么特别亮?

木卫二是太阳系中除月球之外最明亮的一颗卫星。在木星冲日时,人们只用肉眼就可以看见它。它之所以显得如此明亮,是由于它表面有一层厚厚的冰壳,其光滑的表面反射太阳光的本领非常强。

木卫三

94 为什么说木卫二上可能有生命存在？

木卫二表面覆盖着厚厚的冰壳，冰壳上布满了纵横交错的条纹。据专家分析，这很可能是冰壳下面液态水涌动的结果。冰壳下有液态水，就等于有了生命起源的条件。因此，这里可能有生命存在。

95 为什么说木卫三是一颗不同寻常的卫星？

木卫三是卫星世界中已知最大的一个，半径达2631千米。科学家推断它的表面是由冰和岩石组成的，壳层下是一层冰幔，中心是铁质的核。它最与众不同的地方是有磁场，而磁场是行星的主要特征之一，对卫星来说，有磁场确实是非比寻常。

96 为什么木星和土星都特别扁？

　　一般的天体都是近球状的，可是木星和土星却特别扁，木星的赤道半径比极半径长近 9000 千米，而土星两个半径的差也有大约 5500 千米。这是因为它们的核心外面没有像地球那样的幔和壳，只有核外的液体和表层的大气，再加上它们自转速度较快，产生的离心力大，所以"肚子"就鼓了起来，看起来好像被压扁了似的。

土星的赤道面与轨道面的倾角较大。从地球上看，土星呈现出南北方向的摆动。这就造成了土星环形状的周期变化。仔细观测发现，土星环位于土星的赤道面上。在空间探测器近距离探测以前，从地面观测以为有5个土星环。

97 为什么说土星是太阳系中最美丽的行星？

在太阳系的八大行星中，土星的大小仅次于木星，在八大行星中排行老二，但它却是公认的最美丽的行星。从望远镜里看去，土星那呈淡黄色的、橘子形状的星体表面飘拂着绚烂多姿的彩云，腰部缠绕着光彩夺目的光环，好像戴了一顶漂亮的草帽，形象优雅迷人。

98 为什么说土星是个"虚胖子"？

土星是一颗与众不同的行星，它的体积虽然很大，密度却很小。假如将所有的行星都放入水中，只有土星会浮出水面，因为土星的比重只有水的十分之七。

99 土星上的大白斑是怎样形成的？

土星是斜着身子绕太阳公转的，当它的北极向太阳倾斜最厉害的时候，平时由于低温而凝结成细小颗粒的氮经太阳光急剧加热，升温升华成了氮气，一直升到低温的云顶，形成光亮的白云，这就是大白斑。大白斑的出现是有规律可循的，大约每隔30年会出现一次，和土星的自转周期接近，每次出现时大约持续几个月的时间。

土星的美丽光环是由不计其数的小冰块和沙砾组成的，其主要成分都是水冰，还有一些尘埃和其他的化学物质。它们在土星赤道面上绕土星旋转。

100 哪颗行星能给地球发射信号？

天文学家们早就发现，土星一直有规律地向地球发射一种神秘的无线电脉冲信号，其中一些脉冲的强度甚至可以和太阳发射的电磁波相比。地球上很容易接收到这些脉冲信号，但是人们却一直无法将它破译。

101 土星"头上"美丽的光环究竟是什么？

土星赤道外围那圈明亮的光环，是由无数形状不一、大小不等、直径在 7.6 厘米至 9 米之间的小冰块和沙砾组成的。它们以很快的速度围绕土星运转，在太阳光的照耀下呈现出各种颜色。光环的直径达 27 万千米，厚度为 10 千米左右，自西向东自转。

102 土星有多少颗卫星？

目前，已经发现的土星卫星有 82 颗，土星已经取代木星成为太阳系的卫星之王。跟木星卫星不一样的是，土星卫星不能简单地以成分和密度来归类划分。"旅行者号"空间探测器所发现的土星卫星显示出复杂多样的特征。

103 土卫六的大气有什么特别之处吗？

土卫六又名"泰坦"，是土星卫星中最大的一颗，半径达 2575 千米。它的大气主要以氮气为主，氮的含量约为 98%，甲烷仅占不到 1%，另外还含有乙烷、乙烯、乙炔和氢等碳氢化合物。在太阳系的行星和卫星中，只有土卫六和地球的大气中含有丰富的氮气。

| 土卫六

104 最早发现天王星的是谁？

1781 年 3 月 13 日，英国天文学家威廉·赫歇尔发现了天王星。他利用自己制作的望远镜观察天空，发现在双子座附近有个暗绿色的光斑，这颗星星不像其他天体那样闪烁不定，而且还有位置上的变化，因此肯定它是太阳系中的天体。

| 威廉·赫歇尔

105 天王星的发现有什么意义？

人们在发现天王星之前还没有行星的概念，这次的发现有了历史性的突破。天王星的发现扩大了太阳系的范围，从此，人们开始重新认识太阳系，并且对行星的划分也有所改变，有了探索新行星的欲望。

106 为什么说天王星是 "躺着" 运行的？

天王星是太阳系中最独特的一颗行星，它是 "躺着" 绕太阳运行的。因为它的自转轴几乎在其公转轨道的平面上，看上去好像是在 "就地十八滚"。

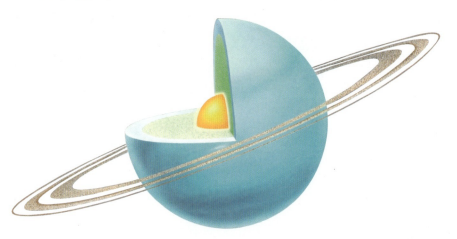

107 天王星有光环吗？

天王星也拥有像土星那样的光环，这是在 1977 年的一次天王星掩食恒星的观测中发现的。截至 2005 年 12 月 23 日，科学家发现的天王星的光环数已经达到 13 道，不同的环有不同的颜色。这些环给这颗遥远的行星增添了新的光彩。

108 为什么天王星是蓝绿色的?

天王星蓝绿色的外表很迷人,让很多科学家为之着迷。可它为什么会呈现出蓝绿色呢? 原来在天王星的大气中有甲烷,它反射了阳光中的蓝光和绿光,使我们看到了美丽的蓝绿色。

109 从地球上看天王星是什么样的?

天王星的半径约 25362 千米,几乎是地球半径的 4 倍。尽管天王星很大,但由于它离地球很远,所以我们在地球上根本看不清它的真面目,只能看到一个很亮的点。

110 在天王星上看不见哪几颗行星？

站在天王星上，根本无法看到水星、金星、地球和火星这4颗行星，这是因为它们与天王星在同一平面上，而且它们都被太阳的光辉所掩盖住，因此无法看见。

111 天王星有多少颗卫星？

现在，天王星已知的卫星有 27 颗，其中天卫三最大，半径约 789 千米。几乎所有天王星的卫星都非常黝黑，这是因为在它们的环形山山体表面覆盖着一层含有炭黑的黑色物质。

112 为什么说海王星是"笔尖下发现的行星"？

天王星发现后不久，人们注意到它的运动很反常，总偏离理论计算出的轨道，因此推测在它外侧还有一颗行星。1845 年到 1846 年，英国天文学家亚当斯和法国天文学家勒维耶各自独立计算，推算出未知行星的位置。果然，德国天文台台长伽勒在这一位置附近发现了新行星，它就是海王星。

113 海王星距离太阳有多远？

海王星与太阳的平均距离约为 45 亿千米，大约是地球到太阳距离的 30 倍。由于海王星离太阳非常遥远，所以它的表面特别冷，覆盖着厚达 8000 千米的冰层，可以说几乎是个冰球。

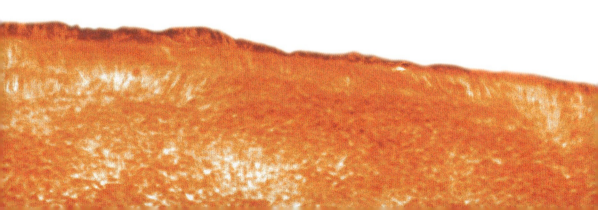

114 海王星为什么以"海"冠名？

海王星是个蔚蓝色的行星，它的这种颜色会使人联想到大海。西方人还把它比作神话中的大海之神，称它为涅普顿，中文译为海王星。

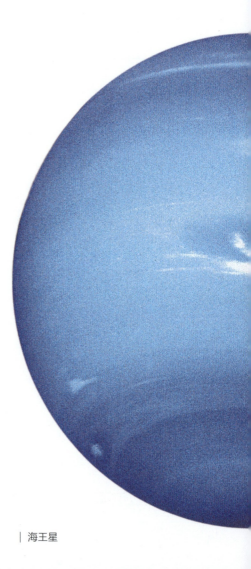

115 海王星的表面是什么样的？

海王星上是个狂风呼啸、飞云乱舞的世界。在它厚厚的大气层中，有很多高速运行的云层，还有不计其数的气旋在不停地滚动。海王星上还有一团大黑斑，在做逆时针方向的旋转。

| 海王星

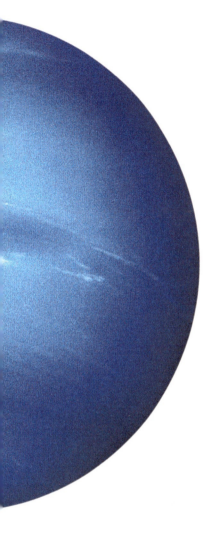

116 海王星有几个光环?

海王星和天王星就像是一对孪生姐妹,有很多相似之处。海王星也有一个光环系统,它有五个环,两个宽,三个窄。因它的光环比较暗淡,所以从地球上观察,几乎是看不到的。

117 海王星上为什么会风暴不断?

地球上风暴的形成是由太阳的热力引发的,海王星上的风暴却与热力无关。海王星自转一周需大约 16 小时,它的云层需要 20 ~ 22 小时才能绕海王星赤道运行一周,这样海王星星体的旋转与大气层的旋转产生了错位,从而造成了风暴不断的现象。

118 海王星有几颗卫星？

空间探测器对海王星及其卫星进行了考察，发现海王星至少有 14 颗卫星。海王星的卫星也像大多数星体那样，表面有巨大的环形山和许多坑洞。

119 海王星最大的卫星有多大？

在海王星已发现的卫星当中，海卫一是最大的，半径约为 1350 千米，比月球还大些。它是太阳系中已发现的行星和卫星中最冷的天体，平均温度在 −240℃以下，它的表面覆盖着冰层。"旅行者 2 号"探测器在海卫一的表面发现了间歇泉，间歇泉喷射出的冰冻氮气喷流超过 8 千米高！景象极其壮观。

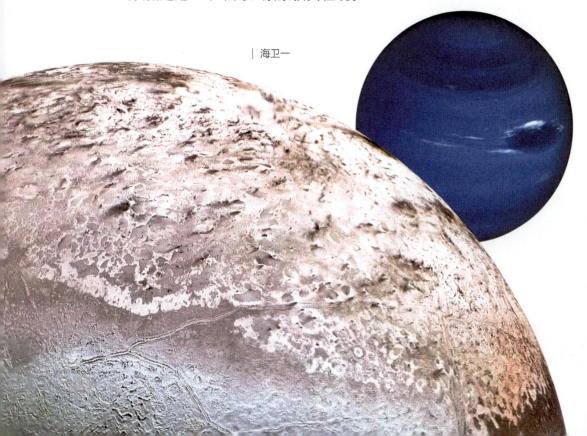

| 海卫一

120 以前人们为什么会害怕彗星？

彗星的外形十分特殊，与通常见到的天体很不一样。以前，人们还不知道它是天体，只知道它常常不请自来，飘忽不定，长长的尾巴变化莫测。一些迷信的人便认为，彗星出现是灾难发生的先兆。

121 彗星的名字是怎样得来的？

彗星出现时，都会拖着一条长长的尾巴，像一把扫帚。而在中国，"彗"字的本义就是扫帚，很形象地表现出了彗星的形状，所以人们给这种星体起名为"彗星"，与它们的形象十分切合。

122 谁最早证明了彗星是天体？

1577 年，丹麦天文学家第谷计算出，彗星应该距离地球 100 万千米以上。虽然这个数值是不准确的，但这样的高度已证明了彗星远在大气层之外，也就是说，彗星应当属于天体。

第谷一生中在天文观测方面取得了许多成就，其中最著名的是1577年观察到的两颗明亮的彗星。通过观察，他得出了彗星比月亮远许多倍的结论。这一重要结论对帮助人们正确认识天文现象产生了很大的影响。

123 彗星是怎样运行的？

彗星并不是在天空中横冲直撞的，它也有自己的运行轨道。1705 年，英国天文学家哈雷经过观察研究，最早计算出了一颗彗星的运行周期约为 76 年，后来这颗彗星就被命名为哈雷彗星。

124 比拉彗星为什么会消失？

比拉彗星的运行周期约为 6.6 年。在 1846 年回归时，它突然分成两颗。在 1852 年，它仍可以被观测到，之后就再也不见踪影。1872 年，人们再次等待比拉彗星的回归，可是它们一直没有出现，取而代之的是仙女座的一场规模很大的流星雨。后来，人们才明白，比拉彗星已经彻底崩裂，化为流星体了。

125 有以中国人的名字命名的彗星吗？

新中国成立前，一直没有中国人发现的彗星。1965 年，紫金山天文台发现了两颗彗星，我们称之为"紫金 1 号"和"紫金 2 号"。后来，紫金山天文台的两位科学家葛永良和汪琦在北京天文台观测时又发现了一颗新的彗星，它被正式命名为"葛－汪彗星"。

126 彗星都有尾巴吗?

彗星可分为彗核、彗发和彗尾三部分。其中，长长的彗尾是彗星的主要标志。但是当彗星处在离太阳较远的位置上时，彗尾就不见了。只有当彗星接近太阳时，彗核里的物质才会受热汽化，被太阳风吹出长长的彗尾。有些彗星由于接近太阳的次数过多，消耗了大量的物质，已没有了明显的彗尾。

127 彗星都有哪些种类？

彗星运行的轨道有椭圆、抛物线和双曲线三种形状。按椭圆轨道运行的彗星叫周期彗星，其中公转周期大于 200 年的被称为长周期彗星，小于 200 年的被称为短周期彗星。按抛物线轨道和双曲线轨道运行的彗星被称为非周期彗星，它们常常会一去不复返。

128 彗核是由什么物质构成的？

彗核是彗头的主要组成部分，像一个脏雪球，占彗星总重量的 70%，成分以冰为主，其他成分有一氧化碳、二氧化碳、碳氧化合物和氢氰酸等。

129 彗核是什么模样的?

彗核的外形看上去像一个烧焦了的大土豆,是太阳系中最黑的物质之一。彗核上面也有同行星上一样的山谷和环形山,其中明亮的区域向外面喷射出大量的气体与尘埃物质。

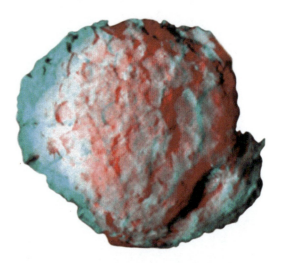

| 彗核

130 彗星会撞击地球吗?

彗星是有可能撞击地球的。如果是彗尾扫过地球,那么地球就好像燕子穿过炊烟一样,不会受到什么影响,这是因为彗尾是由很稀薄的气体组成的。但是,如果是彗星的主要部分——彗核撞上地球,那么地球就不会这样安然无事了。不过,我们不必惊慌,因为发生这类事件的可能性微乎其微。

| 地球被撞击时的想象图

131 哪国最早记载了哈雷彗星？

哈雷彗星最早是由中国人记载的。我国关于哈雷彗星的记录很完备，有确切的时间、位置、行走路径和彗尾长度等。从公元前 613 年到 1910 年的 2500 多年间，哈雷彗星经过了 34 个周期，中国仅少了 3 次记录。

132 哈雷彗星为什么在变小？

哈雷彗星在宇宙中运行时不断地向外抛射尘埃和气体，从上一次回归以来，它总共已经损失了 1.5 亿吨物质，彗核直径缩小了 4 ~ 5 米。照此下去，它还能绕太阳运行两三千圈，寿命也许只剩下几十万年。

133 流星是一类什么样的星体？

在广袤的星际空间里，布满了无数尘埃般的小天体——流星体，当它们以高速闯入地球大气层后，与大气产生摩擦，形成灼热发光的现象，这时它们被称为"流星"。

134 流星有哪些类型？

流星包括单个流星（偶发流星）、火流星和流星雨三种。比绿豆大一点儿的流星体进入大气层，就能形成肉眼可见亮度的流星。特别亮的流星叫作火流星，有时在白天也能看到。有的火流星甚至还会发出尖锐的声响。

| 流星降落时的想象情景

135 流星群是从哪里来的？

  流星体是由各种各样的行星际物质组成的，这些小天体各自按照自己的轨道和速度运行着，有时它们会发生碰撞。大块的流星体就撞成了碎块，成为一群小流星体，或者是碰撞后很多小流星体聚集成群，沿着同一轨道运行，就形成了流星群。

136 流星雨是怎样形成的？

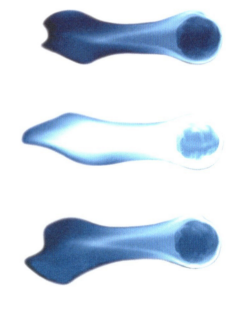

  每年，人们都会看到有许多流星在同一时间段从星空的某一点向外辐射散开，这种现象就是流星雨。流星群原来是按照固有的轨道运行的，如果它们的轨道与地球轨道相交，当地球出现在交点上时，地球上就会看到流星雨。

> 流星雨是一种成群的流星，看起来像是从夜空中的一点迸发出来，并坠落下来的特殊天象。这一点或一小块天区被称为流星雨的辐射点。为区别来自不同方向的流星雨，人们通常以流星雨辐射点所在天区的星座给流星雨命名。

137 最壮观的流星雨出现于哪一年？

1833 年 11 月 12 日，狮子座中不计其数的流星像闪亮的冰雹一样纷纷落下，一道道弧光把天空点缀得如同一次焰火盛会。这次美丽而又罕见的流星雨可谓是最壮观的天象之一。

138 英仙座的流星雨是由什么星体形成的？

每年的 8 月上旬到中旬，我们都可以看见英仙座附近出现流星雨。英仙座流星雨源于斯威福特－塔特尔彗星接近太阳时散发的尘埃。

139 流星和陨星是一样的吗？

流星和陨星是不同的，流星的前身是流星体，陨星的前身是小行星或彗核碎片，体积大小相差甚远；流星只是从大气中穿过，大多在空中就会消失，陨星则是向地面投落的天体。

140 陨石是什么样的？

陨石表面一般会有一层薄薄的熔壳，多是深褐色，有些表面带有许多闪亮的金属小颗粒。经过高速度冲击，有的陨石外形呈油滴状或河蚌状。陨石中一般含有铁和镍的合金，因此密度较大。

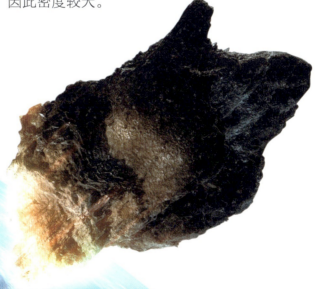

141 为什么说玻璃陨石不是陨石？

在我国，玻璃陨石被称为雷公墨，它很像透明的黑玻璃。多数人认为，玻璃陨石是因为大陨石撞击，使地壳表层的砂岩熔化又迅速冷却后形成的。由此可见，玻璃陨石是大陨石撞击地面后形成的产物，而不是真正的陨石。

142 我国的玻璃陨石主要分布在哪里？

目前，科学家们发现世界上的玻璃陨石主要分布在 4 个地区。我国的玻璃陨石主要分布在雷州半岛和海南的某些地方。每当大雨过后，这些地方的地面上就会出现神奇的玻璃陨石。

143 人类研究陨石有什么意义？

陨石来自宇宙空间，是小天体的样品，具有特殊的研究价值。人类通过对陨石进行研究，可以了解各种天体的起源和演化过程，对揭开宇宙奥秘具有重要的意义。

144 世界上最大的陨石有多大？

陨石经过大气层的摩擦后，落到地球上都很小。它们的大小可按重量和体积两种标准进行划分。世界上最重的铁陨石重达 60 吨，落在了非洲的纳米比亚境内；世界上最大的石陨石重达 1770 千克，于1976 年 3 月 8 日陨落在我国吉林省境内。

145 谁发现了第一颗小行星？

　　1801 年元旦之夜，意大利天文学家皮亚齐无意间在金牛座内发现了一个陌生的天体，它相当于 8 星等的亮度，是人类发现的第一颗小行星。皮亚齐把它命名为"塞利斯"，中国人译为"谷神星"。

146 小行星带是怎样被发现的？

　　科学家们在研究八大行星间的距离时，发现火星和木星之间比较空旷，猜测在两者之间应该还有一颗行星存在。科学家们算出了这颗行星与太阳的距离和公转周期，结果人们并没有在那里发现行星，反而发现了一个小行星带。

147 小行星带中的"四大金刚"分别是哪四个？

　　小行星带中的"四大金刚"指的是人们发现的 4 颗比较大的成员，它们分别为谷神星、智神星、婚神星、灶神星。小行星都很小，根本无法与行星相提并论。"四大金刚"算是小行星当中的大个子了，直径都在 200 千米以上。

小行星几乎都是石质小天体，大小不一，外形不定。

148 谷神星有多大？

　　谷神星是小行星带中最大最重的天体，外形接近球体。它的平均直径为 952 千米，约为地球直径的 1/13；质量为 9.45×10^{20} 千克，还不到地球质量的 1/6300 呢！如果把它放在地球上，它也只占我国青海省那么大的面积。

149 小行星都是以什么规则来命名的？

小行星大多以罗马和希腊神话中的人物、国家和城市来命名，后来又以一些名人的名字来命名，除此之外，还有一些稀奇古怪的名字。虽然小行星的名字千差万别，但是国际上规定不能以政治家和军事家的名字来命名。

150 小行星有卫星吗？

一般来说，小行星是没有卫星的。可是在 1978 年 6 月，天文学家发现一颗叫"大力神"的小行星有卫星，卫星的直径约是大力神的19%，两者间的距离约 977 千米。而后人们又陆续发现了其他有卫星的小行星。

151 人类航天器最先探访过的小行星是哪颗？

自从发现小行星以来，人类就不断地对它们进行探索。为了进一步了解小行星，人类利用航天器对小行星进行探测，加斯普拉小行星是人类航天器飞越过的第一颗小行星。

152 小行星会给地球带来危险吗？

小行星大多都运行在"小行星带"里，但受地球这种大型行星引力的影响，个别小行星会偏离轨道，成为近地小行星。近地小行星有可能撞击地球，但是这种几率很小，平均200万年才可能发生一次。

153 人类打算怎样避免小行星撞击地球？

为避免小行星撞击地球，人们一直对威胁较大的小行星特别关注。如果小行星真的要撞向地球，我们也不用害怕，现在的科学技术比较发达，用原子弹就可以把它击碎，或使它改变运行轨道远离地球。

154 人类航天器登陆过小行星吗？

为了进一步了解小行星，2000年2月，美国发射的迷你型空间探测器"尼尔－苏梅克号"进入小行星"爱神"的轨道。14日，它降落在"爱神"的表面，这是人类航天器第一次降落在小行星上。

155 研究小行星有什么意义？

　　小行星至今还保留着太阳系形成初期的一些信息，这给我们研究太阳系的起源和演化提供了依据。通过对小行星的研究，还可以测定行星的质量。小行星将来有可能成为人类遨游太空的中转站。

156 "柯伊伯带"在太阳系的什么位置上？

　　在海王星轨道外侧的黄道面附近，有一块天体密集的中空圆盘状区域，它就是"柯伊伯带"，名称源于荷兰裔美籍天文学家柯伊伯。"柯伊伯带"是现在我们所知的太阳系的边界，也是太阳系大多数彗星的来源地。

第二章

宇宙星际

夜空中群星的图案早已萦绕在世界各地诗人、思想家和幻想家们的脑海中。它们激起了人们对浩瀚空间的疑虑与恐惧，并产生了对宇宙之广阔与壮丽的敬畏和仰慕。

——〔英〕巴罗《繁星密布的夜空》

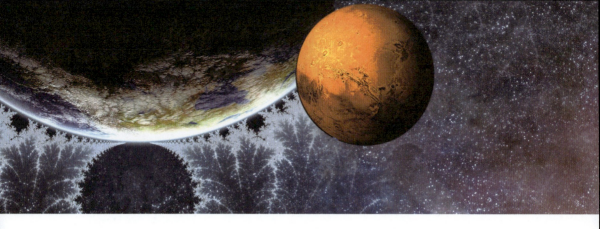

157 宇宙里有什么?

宇宙包括一切事物,是天地万物一切存在的统称,如恒星、行星、卫星、彗星以及所有生命体和无生命的事物。宇宙是浩瀚的、广阔无边的,宇宙中的一切事物都在变化,比如地球上的生命在不断地出生和死亡,恒星也在由盛至衰不断地变化着。宇宙的结构层次很复杂,目前探测到的最大范围是总星系,总星系又分为银河系和河外星系,其中银河系包括太阳系等一系列天体,太阳系又包括地月系以及其他太阳系的成员。

158 宇宙到底有多大？

科学家猜测，宇宙很可能是一个有限但没有边际的时空。目前，据推测宇宙中有数千亿个星系，单单银河系就有超过1000 亿颗恒星，你可以想象我们的宇宙有多么广阔无垠。

159 什么是天体？

天体是宇宙间一切物质的集聚状态，包括自然天体和人造天体。自然天体包括恒星、行星、卫星、彗星、流星、星云、星系等，统称为天体。另外，红外源和射电源、X 射线源等也是天体。人造天体包括人造卫星、航天飞机、太空飞船及空间探测器等。

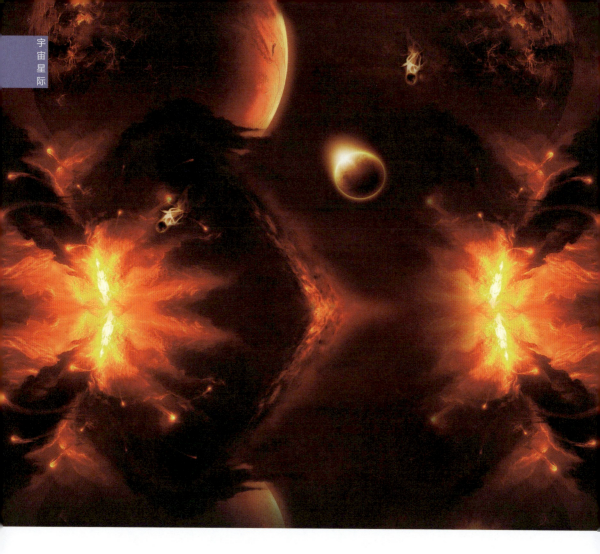

¹⁶⁰ 宇宙是大爆炸形成的吗？

　　根据目前的理论假说，宇宙是在一次大爆炸中诞生的。大约在 150 亿年前，宇宙所有的物质都高度密集在一点，有着极高的温度，它蕴含的巨大能量在一次惊人的爆炸中被完全释放出来，这就是著名的"宇宙大爆炸"。大爆炸以后，物质开始向外大扩散，先后诞生了星系团、星系、我们的银河系、恒星、太阳系、行星、卫星等。今天，我们看见的和看不见的一切天体和宇宙物质，都是在这一演变过程中诞生的。

161 什么是宇宙背景辐射？

宇宙背景辐射指一种充满整个宇宙的电磁辐射，频率属于微波范围。有研究表明，宇宙大爆炸发生后约30万年，遗存的热气体发出的辐射四处穿透，就成为宇宙背景辐射。宇宙背景辐射中包含着比遥远星系和射电源所能提供的更为古老的信息，因此，它对研究宇宙起源极有帮助。

162 为什么我们只能看见宇宙的一小部分？

人们通过眼睛获取的信息占获得信息总量的80%以上。但是通过眼睛，我们却只能看见宇宙中极小的一部分物质，包括恒星、星系、气体、尘埃，而它们只占宇宙物质组成的1%～2%。其他部分我们很难用肉眼来观察，需借助其他手段。

163 星星之间有物质存在吗？

在宇宙中，恒星之间广阔无垠的空间并非是真正的"真空"，而是存在着各种各样的物质，包括以氢和氦为主的星际气体、星际尘埃、各种各样的星云以及星际磁场和宇宙射线。人们把这类物质称为星际物质。星际物质在宇宙空间的分布并不均匀，有的地方密集，有的地方稀疏。

164 为什么说天空中有美酒？

近年来，天文学家们通过分析宇宙微波发现，星际空间还存在大量的有机分子，它们是星云等星际物质的组成部分之一。有研究称宇宙中有个被称为"醉鬼梦乡"的地方，竟然有足以填满地球所有湖泊的乙醇分子云。酒的主要成分是乙醇，所以说天空中有美酒。

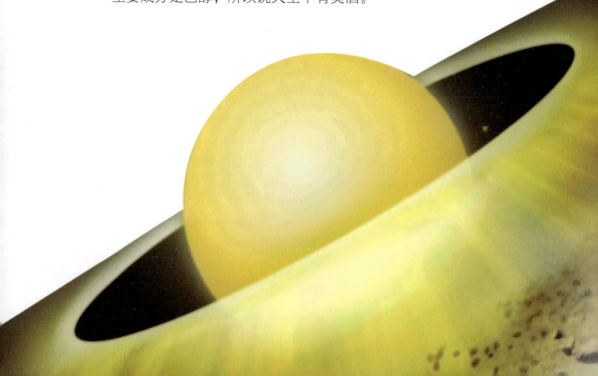

165 常用来计量天体间距离的单位有哪些?

日常生活中用来计量长度的单位有很多,如米、分米、厘米等,可是用它们来表示天体之间的距离并不实用,于是人们建立了天文单位、光年、秒差距等天文上专用的单位。

166 什么是天文单位?

太阳系内天体之间的距离一般用"天文单位"为基准。所谓"天文单位"就是地球到太阳的平均距离(即日地距离),1 个天文单位相当于 1.496 亿千米。

167 光年是指光线的使用年限吗?

光年是计量长度的单位,即光在真空中传播一年的距离。光在真空中 1 秒钟可传播近 30 万千米,一年大约行进 9.46 万亿千米。宇宙无边无际,用"光年"这种大单位表示比较简单,用普通的长度单位表示则非常麻烦。

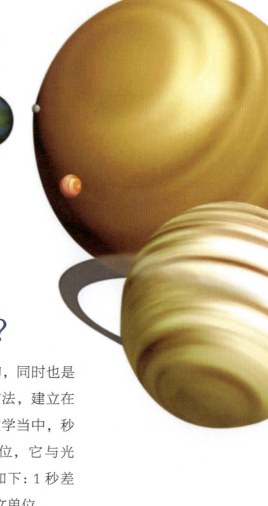

168 秒差距有多大?

秒差距是一种最古老的,同时也是最标准的测量恒星距离的方法,建立在三角视差的基础上。在天文学当中,秒差距是测量距离最大的单位,它与光年、天文单位之间的关系如下:1 秒差距 =3.26 光年 =206265 天文单位。

169 "宇宙岛"指的是什么?

　　"宇宙岛"是历史上对星系的一种称呼,把宇宙比作海洋,星系比作岛屿。一百多年来,"宇宙岛"的说法一直是个假说,因为当时的人们并不了解宇宙的结构。直到1924年,仙女座等河外星系的距离被测定出来,"宇宙岛"假说才得以证实。

170 什么是星系？

在茫茫宇宙中，千姿百态的闪亮"星城"错杂分布，每个星城都是由无数颗恒星、各种天体和星际物质组成的天体系统，天文学上称之为星系。到目前为止，人们已在宇宙中观测到了上千亿个星系，银河系只是其中的一个普通星系。凭着我们目前的观测设备，看到的最远的星系大约为 150 亿至 200 亿光年。

171 什么是星系团？

星系也有多个聚集在一起的。两个聚在一起的被称为双星系，多个聚在一起的被称为多重星系。一群星系聚集在一起就组成了星系团。我们所在的银河系就位于一个叫作本星系群的星系团中，而这个星系团又处在一个叫作本超星系团的超星系团中。

¹⁷² 星系都是一个形状的吗？

　　以目前的观测设备得到的信息，星系的形状并不完全一样，大体可划分为三大类：一类是旋涡星系，呈螺旋状，有几条弯转的旋臂；一类是椭圆星系，外形像一个椭圆；另一类是不规则星系，没有固定的形状，一般比较小。

¹⁷³ 银河系是什么样的？

　　银河系属于旋涡星系。我们所在的地球就位于银河系中，所以我们无法看清它的真面目。但通过对类似星系的观察，我们可以推测出银河系的形状：如果从上向下俯视，它看上去像一个巨大的圆盘；如果从侧面看，它看上去更像一个硕大无比的凸透镜。

174 银河系有多大？

与太阳系相比，银河系相当大，整个银河系的直径约为10 万光年，中间厚约 1 万光年，边缘厚约 3000 ～ 6000 光年。我们从地球上可以观测到银河系，它看上去就像是一条宽宽的、乳白色的带子从夜空中穿过。

175 太阳系是银河系的中心吗？

太阳系不是银河系的中心，也不在银河系对称的银道面上，而是悬在上空 8 秒差距处，距银河系中心大约 2.6 万光年。太阳系和银河系相比非常渺小，就好比是飞在天安门广场上空的一只小蜻蜓。

¹⁷⁶银河系中有多少颗星？

　　我们用肉眼看见的星星是很有限的，如果用天文望远镜则能看到 1000 万颗以上。在银河系中，恒星数量最多，总数超过 1000 亿颗，有可能接近 3000 亿颗，它们分布在银河系的各个部分。

¹⁷⁷什么是银河年？

　　银河系的旋涡结构反映了它也在做自转运动，也就是银河系中的恒星、星云和星际物质都绕银河中心（银核）旋转。银河年是太阳系在轨道上绕着银河系中心公转一周的时间，也称为宇宙年。太阳系绕银核旋转的速度为 250 千米 / 秒，旋转一周需 2.5 亿年左右，称一个银河年。

178 什么是河外星系?

银河系是宇宙中的一个星系,此外宇宙中还有许多像银河系一样的巨大的恒星系统,我们把它们统称为河外星系。凭着我们目前的观测设备,看到的最远的河外星系大约距离我们150 亿 ~ 200 亿光年。

179 离银河系最近的星系是哪一个?

仙女座河外星系是离银河系最近的河外星系之一,它与银河系非常相似,包括类似于银河系的恒星、星团和星云等。仙女座河外星系虽然是我们的邻居,但是它却离我们有 200 多万光年的距离。

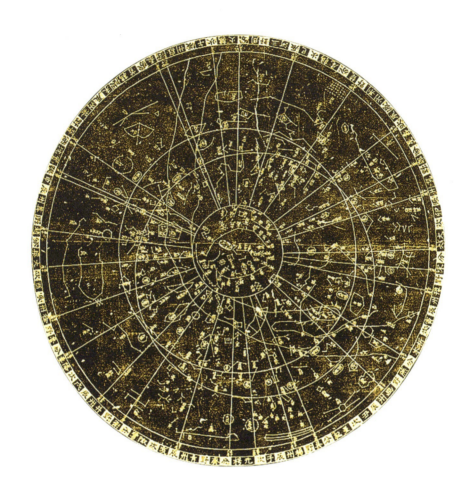

180 什么是星座？

人们把相邻恒星构成的图形及其所在的天空区域称为星座。在我国古代，人们把天空分成三垣（yuán）四象二十八宿。三垣是指紫微垣、太微垣和天市垣；二十八宿主要位于黄道区域，分为四大星区，称为四象。现在，国际通用的 88 个星座是在 1928 年划定的。

181 目前国际上通用的星座名起源于哪个国家？

大约在3000年前，巴比伦人经过长期观察，逐渐确立了黄道十二宫星座，并为它们命名。后来，巴比伦人的星座划分法传入了希腊，希腊人在此基础上又分别为北天的19个星座和南天的12个星座命名。

182 哪些类型的星座名最多？

天上已命名的88个星座中用动物命名的最多，共有44个。其中以大熊、大犬、狮子等哺乳动物命名的有17个，以天鹰、天鹅等飞禽命名的有8个，还有4个以爬行动物命名的、4个以鱼类命名的和3个以昆虫命名的，此外还有一些星座以神话中的天龙和天凤等一些人间并不存在的生物命名。

183 星星是怎样命名的？

现在，国际上通行的恒星命名法是星座名加希腊字母，从星座中的最亮星开始，依次定为 α 、β 、γ 、δ ……例如，大犬座 α 星（即天狼星）。由于希腊字母只有 24 个，所以从第 24 颗亮星往后便采用阿拉伯数字。

184 星座在天空中的位置会变化吗？

如果你一整晚都在观察星星的话，就会发现星星从东方升起，慢慢掠过天空，再到西方落下。这其实是由地球自转造成的。通常每天一颗星升起的时间，会比前一天提早大约 4 分钟。另外，随着季节的推进，星座的位置也会渐渐向西边移过去，这是由地球公转造成的。

185 为什么夏季的星星比冬季的多？

饼状的银河系是中间厚、两边薄，太阳系位于距银河系中心大约 2.6 万光年的位置上。夏季，我们望向的是银河系的中心，那里是恒星的密集处；冬季我们看到的是银河系的边缘，那里分布的恒星比较少。

186 为什么星星会有不同的颜色？

夜晚仰望天空，会发现星星的颜色各不相同，有红的、黄的、橙的、白的、蓝的等。这是因为这些星星几乎都是恒星，它们处在一生中的不同时期，会因温度不同而呈现出不同的颜色。

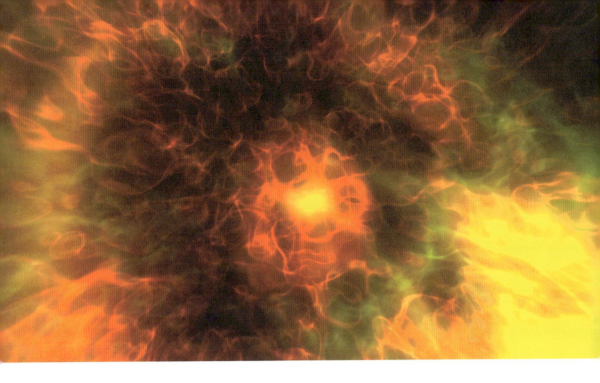

187 什么颜色的星星温度最高？

恒星的颜色能够显示出恒星表面温度的高低。依照红→黄→白→蓝的顺序，恒星表面的温度是逐渐增高的。表面是蓝色的恒星温度可以达到 3 万℃。太阳是一颗黄色的恒星，表面温度大约是 6000℃。

188 怎样确定星星的亮度？

天文学上用"目视星等"来区分星星的明亮程度，星等数越小，星星越亮。然而，它并不能反映恒星本身真正的光度（恒星 1 秒内发出的能量）大小，因为它忽略了恒星与我们之间的距离。如果按照恒星实际发光的亮度，也就是绝对星等来衡量，目前已知的最亮的恒星就不是天狼星（大犬座 α 星），而是猎户座 ε 星了。

189 什么是绝对星等？

绝对星等是假设所有星星与我们地球的距离都是 10 秒差距，也就是在 32.6 光年处，我们从地球看到的星星的亮度。绝对星等反映了星星真实的发光本领，使星星有了真正的亮度比较标准。

190 负星等的星星是比较暗的星星吗？

最初，人们把所有可以见到的星星分为 6 等，最亮的是 1 等星，这样以此类推，最暗的是 6 等星。后来又发现了比 1 等星还要亮的星，按照先前的规律，就从 0 等、–1 等开始类推，这样负等级越大的星就越亮。

191 星星为什么总是"眨眼睛"?

夜空中的星星几乎都是恒星，它们所发出的光并不都是很稳定的，而且这些光线在被我们看到前必须穿过地球大气层。由于大气动荡不定，再加上各层温度、密度又不相同，导致光线经常发生折射。这样星光到达我们的眼睛时，就变得时聚时散，看起来好像在眨眼似的。

192 怎样在夜空下区别恒星与行星?

行星在星空中的位置，短期内会发生明显的变化，就好像在游走一般，"行星"之名就是这么得来的。行星的光度很稳定，看上去几乎不闪烁，而恒星的光会闪个不停。另外，行星的颜色也很明确，如金星白色、火星红色、木星亮黄色、土星土黄色，只要认真观察就能分辨出来。

193 什么是黄道？

在天文学中经常碰见"黄道"这个词。如果以地球为中心来观察太阳，太阳好像是在绕地球运行，这样人们就假想出一个天体——天球，黄道就是太阳在天球上的运动轨迹。

194 黄道十二宫指的是哪些星座？

西方人把黄道划分成 12 等分，每一部分用一个邻近的星座命名，这些星座就称黄道十二宫。从黄经 0° 开始，黄道十二宫分别为白羊座、金牛座、双子座、巨蟹座、狮子座、室女座、天秤座、天蝎座、人马座、摩羯座、宝瓶座和双鱼座。地球上的人在一年内能够先后看到它们。

195 黄道星座为什么能够指示时间？

黄道十二宫表示太阳在黄道上的位置，而宫与宫之间都相隔30°，因此，太阳进入每一宫的时间基本上都是固定的。例如，3月21日春分前后，太阳进入白羊宫；6月22日夏至前后，进入巨蟹宫；9月23日秋分前后，进入天秤宫；12月22日冬至前后，进入摩羯宫。

196 北斗七星由哪些星星构成？

北斗七星又称"北斗"，离北天极不远，是大熊座的一部分，由排列成勺子形的7颗亮星构成。从斗身上端开始，到斗柄的末尾，这7颗星在我国古代分别被称作天枢、天璇、天玑、天权、玉衡、开阳、摇光。

197 天空中哪一个星座最易于辨认？

　　猎户座是天空中最明亮、最易于辨认的星座。主体由 4 颗亮星组成一个大四边形；在四边形中央有 3 颗排成一条直线的亮星，为猎人的腰带；在这 3 颗星下又有 3 颗小星，它们是挂在腰带上的剑。整个星座的形象就像一个雄赳赳站着的猎人，十分壮观。

198 天空中的"十字架"指的是哪个星座？

　　天鹅座中最亮的 5 颗恒星排成了一个十字形，就好像挂在天空中的银色十字架。十字架构成了天鹅的脖颈和双翼，从地球上望过去，就像天鹅展开双翼飞在银河上似的。

199 传说中的"天河"指的是什么?

在牛郎和织女的传说中,"天河"是条流淌在天空中的滔滔大河,天文学上称之为"银河"。1610 年,意大利科学家伽利略用望远镜观察星空,发现人们所说的"银河"实际上是由密集的恒星组成的,即现在我们所研究的银河系内的星体。

200 天空中最长的星座叫什么?

在整个天空的 88 个星座中,最长的是长蛇座,同时它也是面积最大的星座。长蛇座头顶巨蟹座,尾扫天秤座,横跨四分之一的天际。

织女星

天琴座

天鹅座

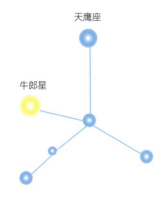

天鹰座

牛郎星

201 哪两个星座是永不相见的?

仰望天空,人们总是无法同时看到猎户座和天蝎座。每当天蝎座升起来的时候,猎户座便躲到地平线下;反之,当猎户座出现在天空中时,天蝎座便落山了。所以,人们说猎户座和天蝎座是两个永不相见的星座。

202 织女星和牛郎星相距多远?

传说中,牛郎和织女是被一条天河(银河)隔开的痴情男女,他们站在天河两边盼望着每年农历七月七日的相会。实际上,牛郎星(天鹰座 α 星)离太阳16.7 光年,织女星(天琴座 α 星)离太阳25 光年,两星之间的距离也有16 光年,要想让它俩相聚那可真是遥遥无期。

北斗七星

延长5倍

小熊座

北极星

延长5倍

仙后座

203 为什么北极星始终出现在北方？

夜晚，我们看天空中的星星都是东升西落的，只有小熊座的北极星（小熊座 α 星）始终在正北方，毫不移动。这是因为北极星的位置正好在地球自转轴的延长线上，因此无论地球如何自转，它相对地球的位置都是不动的。

204 怎样寻找北极星？

寻找北极星有两种方法，首先要找到北斗七星（大熊座的腰尾部）或仙后座。将北斗七星勺口的两颗星连线，然后在勺口前方5倍远的延长线位置上，有一颗比较亮的星就是北极星。仙后座的形状像 W，将 W 外侧的两条边向下延长交于一点，将这点与 W 正中间的那颗星连线，并延长到5倍远处，就能找到北极星。

205 夜空中有没有南极星？

地球北天极有北极星，照理说地球南天极也应该有南极星。的确，南极星座内有一颗 σ 星正好在南天极的位置上，但是它的亮度很暗，只有 5.48 星等，是北极星亮度的三分之一左右，在天气晴好的夜晚，若不仔细观察很难发现。因此，它不足以担当具有标志性的南极星。

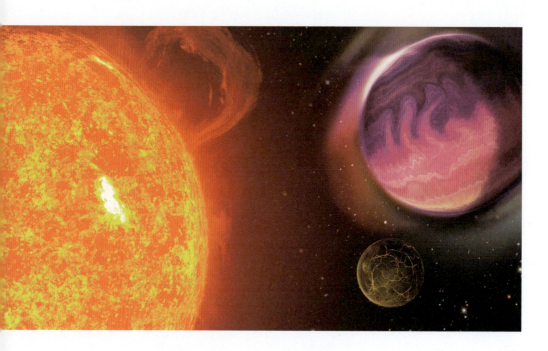

206 全天哪颗星星最暗？

目前，人类发现的一颗最暗的星星是编号为 LHS2924 的恒星，它距离我们约 28 光年，绝对星等只有 20 等，亮度还不到太阳的十万分之一。如果将这颗星星作为我们的太阳，那么它的光亮还不如一轮满月。

207 全天哪颗星星走得最快?

当天狼星落入地平线之后，一颗橙黄色的巨星成为天空中最亮的星，它就是我国古代所说的苍龙一角的大角星（牧夫座 α 星）。大角星运行的速度是全天肉眼可以看见的星星中最快的一颗，以 483 千米／秒的速度在太空中遨游。

208 星星都是孤孤单单的吗?

天空中有好多星星都是成双成对的，它们互相绕转，不分离，这样的星星我们称之为双星。据统计，双星至少占所有恒星的三分之一，还有一些是三星联合、四星联合。

209 双星有什么样的特点？

组成双星的两颗恒星都称为双星的子星，其中较亮的一颗称主星，较暗的一颗称伴星。主星和伴星亮度有的相差不大，有的相差很大。有的双星在相互绕转时，会发生类似日食的现象，从而使这类双星的亮度发生周期性变化。

210 双星有哪些类型？

双星可分为物理双星和光学双星。物理双星是指两颗星受引力吸引而互相绕转，它又分为目视双星和分光双星。目视双星直接用肉眼就能观察到，分光双星则需用精密的仪器测算才能发现。光学双星实际上是两颗互不相干的恒星，但是由于距离我们很远，所以看上去两颗星星离得很近。实际上，光学双星并不是严格意义上的双星。

211 什么是星团？

在一个相对不大的空间区域里，数十颗至数万颗以上的恒星聚在一起所形成的恒星集团称为星团。数十颗至数百颗恒星不规则地聚在一起组成的星团称为疏散星团。数以万计的恒星聚在一起密集呈球状的星团称为球状星团。

212 银河系中最大的球状星团是哪个？

现在，在银河系中已经发现约 500 个球状星团。这些球状星团大多是以一些老年恒星为主，它们的年龄约 100 亿岁。目前，银河系中最大的球状星团是位于半人马座内的 ω 星团，它也是天空最亮的星团，距地球约 1.8 万光年。

213 在中国最容易看见的疏散星团是哪个？

到目前为止，在银河系中共发现 1000 多个疏散星团。在我国，最容易看见的疏散星团位于金牛座中，它就是昴宿星团（梅西耶星表中的编号为 M45），其中肉眼可见的亮星有 7 颗，所以又被称为"七姐妹"。

214 什么是变星？

在广阔无垠的宇宙中，有一种很特别的恒星，它的亮度常常发生变化，时明时暗，天文学把这种亮度不定的恒星称为变星。到目前为止，天文学家们已发现 2 万多颗变星。

215 变星的亮度为什么会发生变化？

有种变星实际上是一对双星，两颗星互相绕转，相互遮掩，使亮度不断变化，称食变星。另外有种变星叫脉动变星，大多是处在崩溃边缘的老年恒星，由于星体时胀时缩，亮度也就时暗时明。这两种变星的明暗交替大多是有规律的。

216 英仙座的大陵五属于哪类变星？

英仙座 β 星，在中国被称为大陵五，在西方则被称为"魔星"。它平时的亮度属于 2 等星，大约每隔 3 天就会变成 4 等星，持续约 9.7 个小时。这是一颗暗星绕一颗亮星旋转的结果，因此它是典型的食变星。

恒星之谜

²¹⁷ 恒星是永远不动的吗？

　　人们一直以为恒星的相对位置是永远不变的，其实恒星也有很小的移动，这种变化称为恒星的自行，自行的单位是角秒／年。由于恒星距离我们很远，自行的速度也很缓慢，所以要确认恒星的自行，需通过几百年的记录才能得到。距太阳系第二近的恒星巴纳德星是所有已知恒星中自行运动最快的，以 10.3 角秒／年的速度移动。

218 恒星也自转吗？

宇宙间的恒星都在做着自转运动。天鹰座的第一亮星是天鹰 α 星，在中国称为牛郎星，它就是一颗快速旋转的恒星，自转一周约需要 9 个小时。太阳也在自转，但是它自转的速度却比牛郎星慢得多，牛郎星自转 72 圈，它才自转 1 圈。

219 怎样观测恒星的自转运动？

可以通过恒星的光谱来确定恒星的自转。如果恒星不转动，恒星的光源是一条窄而深的谱线；如果恒星自转，恒星的光源就会趋近或远离观测者，在观测者来看，光源的波长就会变短或者变长。

220 为什么恒星大都是球形的?

恒星的温度非常高,里面没有什么固体存在,物质都是气态的。气体扩散在各个方向都是相同的,范围也大致相等,并且都受万有引力的控制,因此从表面看就成了球形。

221 为什么太阳比别的恒星亮?

太阳只是一颗普通的恒星。太阳之所以看起来又大又亮,是因为太阳距离我们近的缘故。如果将太阳移到其他星系当中或放在银河系的其他地方,那么它就和天上其他的星星一样,看上去没什么特别的了。

222 什么是星云？

星云是由星际空间的气体和尘埃结合成的云雾状天体。星云里面的物质密度很低，如果用地球上的标准来衡量的话，有些地方就近似于真空了。但是大多数星云的体积都比较庞大，比太阳要重得多。

223 星云有哪些类型？

星云都呈云雾状，在宇宙中飘飘荡荡，形状各异，千姿百态。从形态上来划分，星云可分为弥漫星云、行星状星云和超新星剩余物质星云；从发光性质来划分，星云可分为亮星云和暗星云，其中亮星云又分为发射星云和反射星云。

发射星云是一种由于受到外界紫外线辐射而使内部气体电离发光的亮星云。鹰状星云（M16）是位于巨蛇座内的大型发射星云，鹰状星云内有许多年轻恒星和原恒星。

| 马头星云

224 什么是暗星云?

有些星云比较浓密，会遮住后面的星光，显得很黑暗，称暗星云。由于暗星云可以吸收和散射来自身后的光线，所以在恒星密集的银河中以及明亮的弥漫星云的衬托下，它更容易被人们观察到。猎户座著名的马头星云就是一个暗星云。

225 为什么有的星云会发光?

有些星云可以成为发光体，看起来很明亮，称亮星云。亮星云之所以会发光，主要是因为它的旁边存在亮星的缘故，它被亮星照亮。有些亮星云由于受到星光和热的作用，自身的分子和原子也会发光。

226 弥漫星云是什么样的?

弥漫星云是一种非常巨大但又非常稀薄的星云,平均直径大约几十光年,外形呈不规则的形状,没有明显的边界。大多数弥漫星云的质量相当于 10 个太阳的质量。我们银河系中的猎户座大星云就是典型的弥漫星云。

227 行星状星云是怎样形成的?

行星状星云呈环状,就像天使头上的光圈。已到晚年的小质量恒星在爆炸时,它的外层物质被抛射出来,然后不断膨胀,环绕在它的周围,就形成了行星状星云。

228 恒星是怎样形成的？

恒星起源于气体和尘埃组成的星云。在引力的作用下，弥漫的星云会不断收缩，中心密度增大，温度升高，形成原恒星。原恒星再收缩，温度进一步提高，开始发生热核反应，并成为恒星的主要能源。

229 恒星一生要经历哪些阶段？

对大多数恒星来说，它们的一生都是这样度过的：从原恒星开始成长为主序星，再发展壮大为红巨星，红巨星不断膨胀，到一定程度后会坍塌萎缩，最终变为白矮星。而对于超大质量的恒星来说，它们会从红巨星发展为超巨星，之后发生超新星爆发，最后演变为黑洞或中子星。

230 新星是新诞生的星星吗?

新星并非是新诞生的星星,而是一类能爆发的恒星,它在成为新星之前一直存在,只是最初人们看不见它,直到它发生爆炸后亮度急剧增加,才被人们观察到。

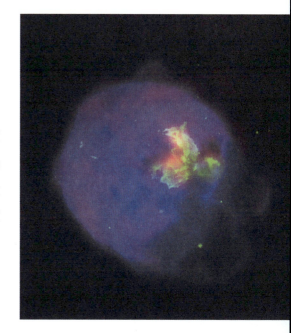

231 什么是超新星?

超新星是爆发规模超过新星的恒星。超新星爆发是恒星世界最厉害的爆炸,这时星体的光亮会比原来猛增上亿倍。一颗超新星爆炸时释放出来的巨大能量可以抵得上几千万颗新星的总和,所以称为超新星一点儿都不为过。

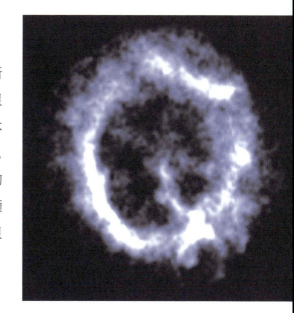

232 新星与超新星有什么不同？

表面上看，超新星只比新星爆炸的规模大而已，实际上它们有着本质的不同：新星只是表面的爆炸，而超新星是恒星演变到最后阶段整个星体发生了爆炸。有些超新星的内部物质会变成致密星。

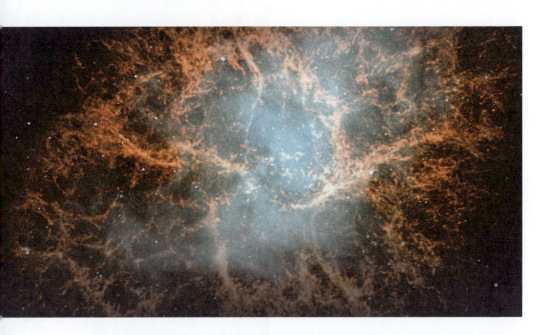

233 最著名的超新星剩余物质星云是哪个？

超新星剩余物质星云是由超新星爆发喷出来的物质形成的不断扩大的星云。11世纪时，中国天文学家记载了金牛座中的一颗"新星"，它的外形很像一只螃蟹，所以称它为蟹状星云，它是目前发现的最著名的超新星剩余物质星云。

²³⁴什么是致密星？

致密星是恒星演化的最后产物，它们的体积都极小，密度都极大。致密星共有白矮星、中子星和黑洞三种形式，三者的体积依次减小，密度却依次增大。例如，体积与地球一般大小的白矮星，质量却跟太阳差不多。

²³⁵什么样的恒星会演化成白矮星？

恒星在演化后期，会抛射出大量的物质。在经过大量的质量损失后，如果剩下的核的质量小于 1.44 个太阳质量，那么这颗恒星就会演化成为白矮星。当然，白矮星还会继续演化，慢慢冷却、晶化，最后变成不发光的黑矮星。

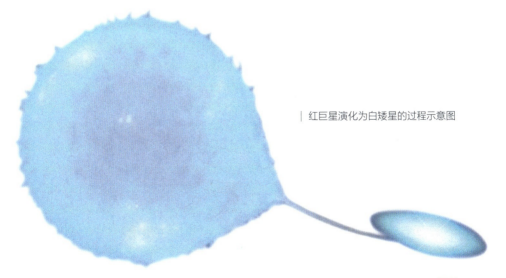

红巨星演化为白矮星的过程示意图

127

236 中子星是怎样 形成的？

中子星是与白矮星非常相似的恒星残骸，它是质量相当大的恒星在发生超新星大爆炸之后所遗留下来的产物。但是它在形成时发生的爆炸程度要远比白矮星的厉害。

237 中子星是恒星寿命的最终 状态吗？

中子星主要由中子组成，直径只有十几千米，但密度却能达到 10 亿吨／立方厘米。中子星并不是恒星的最终状态，它还会进一步演化。由于它温度很高，能量消耗也很快，因此它的寿命只有几亿年。当能量消耗完以后，它将变成不再发光的黑中子星。

238 脉冲星是怎样被发现的？

    1967 年，英国剑桥大学休伊什教授的女研究生贝尔发现，在狐狸座内有脉冲信号的射电源，脉冲信号很稳定，一年后，他们确定这是一种未知的新天体——脉冲星。脉冲星其实是快速自转的中子星，它的发现证实了中子星的存在。

239 什么叫脉冲周期？

    脉冲星有着很强的磁场，并进行着快速的自转，它的自转周期又叫脉冲周期。脉冲周期最长的是 11.8 秒，最短的是 0.0014 秒。自从 1967 年发现了第一颗脉冲星以来，迄今为止，人们已经发现了将近 600 颗脉冲星。

240 什么是黑洞？

黑洞是超大恒星演变到最后阶段的产物，具有巨大的引力场，使得自身所发射的光和电磁波都无法向外传播，变成看不见的孤立天体。人们只能通过引力作用来确定它的存在，所以叫它黑洞，也称坍缩星。

241 为什么黑洞可以吞噬万物？

黑洞虽然无法被人看见，却非常可怕。它具有非常大的密度，能产生不可想象的超强吸引力，所有靠近它的东西，包括原子、尘埃、行星甚至光线等，都会被无情地吞噬掉，因此，人们形象地称它为贪婪的"恶魔"。

242 为什么说黑洞会"隐身术"？

黑洞是一类很特殊的天体，本是直线传播的光线在到达它附近时会发生强烈弯曲。这样，恒星发出的光即使被黑洞挡住并吸走一部分，仍有另一部分光会因为弯曲而绕过黑洞到达地球。所以，我们可以毫不费力地观察到黑洞背面的星空，就像黑洞不存在一样，这就是黑洞的"隐身术"。

243 如何寻找黑洞？

黑洞是看不见的，我们只能从那些明知是双星却又找不到另外一颗的地方去探索。如果算出它的质量是太阳质量的3倍以上，又有很强的 X 射线发出，它就很有可能是黑洞了。

244 类星体是怎样发现的？

20世纪60年代，天文学家发现了一种奇特的天体，从照片上看像恒星但又不是恒星，光谱似行星状星云但又不是星云，发出的射电像星系的但又不是星系的，因此称它为"类星体"。

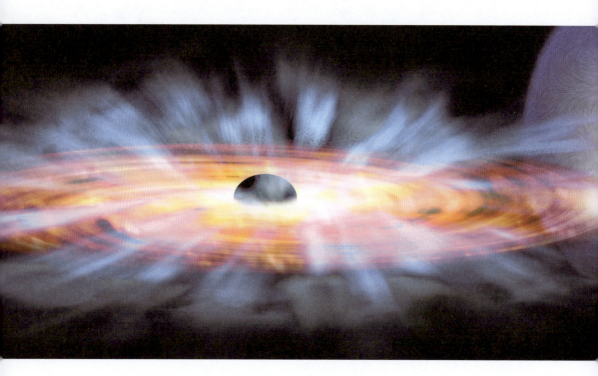

245 类星体有什么特点？

类星体是宇宙中最明亮的天体，比正常星系亮1000倍。它的显著特点是具有很大的红移，即它正以飞快的速度远离我们而去。类星体离我们很远，目前能观测到的离我们有几亿光年，甚至更远，因此它很可能是目前所发现的最遥远的天体。

第三章

太空探索

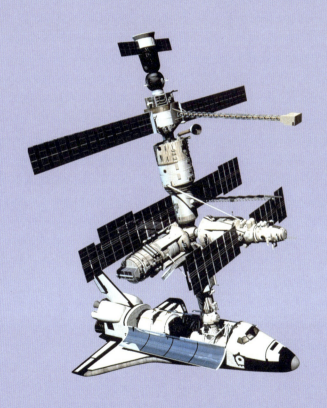

　　我们并没有问鸟儿唱歌有什么目的，因为唱歌是它们的乐趣，它们生来就是要唱歌的。同样的道理，我们也不应该问人类为什么要挖空心思去探索宇宙的秘密……自然现象之所以这样千差万别，宇宙里的宝藏之所以这样丰富多彩，完全是为了不使人的头脑缺乏新鲜的营养。

——〔德〕开普勒《宇宙结构之秘密》

il Dragone
Polo dell' Ecclitica
la Lira
Lyra
il Cigno
la Volpe
Via Lattea
la Freccia
il Cerbero
Grandezze delle Stelle
l'Aquila
Lucida
Antinoo
lo Scudo di Sobieschi
il Sagittario
la Corona australe
il Pavone
l'Ottante
Cefeo
il Delfino
il Cavallo minore
il Capricorno
il Pesce australe
il Microscopio
l'Indiano
Circolo
Pegaso
Andromeda
Scheat
Markab
Aquario
Tropico del Capricorno
Fomalhaut
la Grue
il Toucan
Polare

246 什么是星图？

星图就是从地球上看天球，将天体在天球球面上的位置投影到平面上而绘制出的图，它简洁而明确地标示出天体在天球上的视位置、相对明暗程度、基本形态、类型归属和名称等，是天文学上用来认星和指示位置的一种重要工具。星图种类繁多，有的用来辨认星星，有的用来辨认某天体（或天象），有的用来对比发生的变异等。有的星图只绘出恒星，有的星图则绘出各种天体。

247 梅西耶星表主要记录了哪类天体？

由法国天文学家梅西耶编制的梅西耶星表，实际是一张系统的星云星团表。在梅西耶生活的 18 世纪，星云是用来表示深空中任何模糊不清的光源的术语，它观测起来跟彗星很像。为了更好地区分彗星和星云，梅西耶编制了这个表。这个表非常有用，因此直到现在，许多最著名的星云依然沿用了表上的编号，例如 M16（鹰状星云）。

法国天文学家梅西耶

恒星的温度和颜色

20000℃   10000℃   6000℃   5000℃   4000℃

248 什么是赫罗图？

由丹麦天文学家赫兹普龙和美国天文学家罗素所创制的恒星光度－温度图，称赫罗图。它以星球表面的温度为横轴，以星球的亮度（绝对星等）为纵轴，将各个星球的情况依次填入图表中。从赫罗图上，既看得见恒星的种类，又能显示恒星从诞生到死亡的过程。

249 古人是怎样研究天文的？

古埃及人根据天狼星（大犬座 α 星）在空中的位置来确定季节；中国人早在公元前 7 世纪就制造了确立节令的圭表，通过测定正午日影的长度拟定节令、回归年（太阳绕天球黄道一周的时间）。之后的人们通过观测星星、绘制星图、划分星座、编制星表来研究天文。

²⁵⁰ 分析星体光谱用什么仪器？

太阳光透过三棱镜时，会被分成红、橙、黄、绿、蓝、靛、紫七种颜色，这种光带被称为光谱。分光仪是专门用来观测光谱或给光谱照相的仪器。它不但可以观测太阳光谱，还可以观测星光的光谱。详细研究光谱，可以从中了解星星的类型、物质组成等情况。

²⁵¹ 水运仪象台是什么样的？

水运仪象台由宋朝天文学家苏颂等人创建，它是集观测天象的浑仪、演示天象的浑象、计量时间的漏刻和报告时刻的机械装置于一体的综合性观测仪器，以水为动力来运转。装置为木结构，高约12米，分为3层：最上层放置浑仪，中层放置浑象，下层由5小层木阁组成，每层木阁内均有若干个木人，它们各司其职——每到一定时刻，就有一个自行出来打钟、击鼓或敲打乐器、报告时刻、指示时辰等。

²⁵² 浑仪和浑象有什么区别和联系？

浑仪和浑象是我国古代著名的天文仪器。浑仪是由许多同心圆环组成的一种仪器。浑象则是一个真正的圆球，上面刻画或镶嵌着星宿、赤道、黄道等，和现代的天球仪相似。由于浑仪和浑象都是反映东汉张衡提出的"浑天说"的仪器，所以在早期常常被统称为浑天仪。

"紫微辰恒"雕塑以张衡发明的浑天仪为原型。

253 星盘是做什么用的？

星盘是古代西方最基本的天体测量仪器之一，同时也是占星学家手中不可或缺的器物。它有些类似于今天的活动星图，主体由盘面和一个铜环组成。它利用了几何投影法，通过旋转盘面或铜环，将地平坐标网投影在星盘盘面上，以此来观测天象变化。

古代用以记时和占星的星盘，经过一些改装运用在了航海中。

254 为什么从天球仪上看到的星座是反的？

为了研究天体位置和运动，人们以某点为中心、以无穷大为半径，假想了一个圆球，称天球。天球仪是将星空投影在天球面上的天文仪器。在天球仪上，恒星和星座的位置可以不变形地显示出来，但是观看天球仪的人是从仪器的外面来看它上面显示的星座的，因此看到的实际与星空下看到的正好相反。

255 为什么说张衡是古代杰出的天文学家?

我国东汉的科学家张衡创制了浑天仪,并用它测出了日、月等天体的运行规律,而且他还是世界上第一个提出了预报日食和月食方法的杰出天文学家。

256 我国历史上著名的和尚天文学家是谁?

他就是唐朝和尚一行。一行与人合作制造出了黄道游仪和水运浑天仪等仪器。他又测得了子午线一度弧的长度为129.22千米(现代的测量值为111.2千米),使中国成为第一个测量出子午线长度的国家。他还发现古今恒星位置上有变化,这比外国天文学家早了1000年。

257 我国现存最早的天文著作是什么？

我国现存最早的天文著作是汉代史学家司马迁所著的《史记·天官书》。司马迁出身史官世家，当时他是史官兼管天象。他在《史记·天官书》中记载了558颗星，创造了一个生动的星官（类似于西方的"星座"）体系，奠定了我国星座命名的基础。

司马迁字子长，我国西汉伟大的史学家、文学家、思想家，所著《史记》是中国第一部纪传体通史，被鲁迅称为"史家之绝唱，无韵之离骚。"

258 谁最早测算出了光速？

1676年，丹麦天文学家罗默在观测木星每隔一定周期所出现的卫星食时发现：地球背离木星运动时测到的卫星食相隔时间，比地球迎向木星运动时测到的卫星食相隔时间要长一些。他用光速来解释这一现象，并动手计算出光速约为每秒30万千米。

259 谁最早证明了河外星系的存在？

1924 年，美国天文学家哈勃在仙女座大星云的边缘找到了被称为"量天尺"的造父变星，并利用它的光变周期和光度的对应关系计算出仙女座大星云的距离，证实了这是银河系以外的大天体系统，称它为"河外星系"。

260 哪位天文学家发现了红移现象？

美国天文学家哈勃在观测星系的光谱时，发现有时光谱线会向恒星光谱线的红色一端移动，就称这种移动为星系的红移。经过研究，哈勃找到了星系红移的量级与星系离我们的距离之间的关系，这一理论被称为哈勃定律。

| 仙女座大星云

261 为什么天文台大多都建在山顶上？

将天文台建在高山上，是因为高山上的空气污染相对小一些，空气干净透明，有利于天文学家进行观测。如果你在高山上看见房屋的屋顶是半球形的，那很有可能就是天文台。把半球形的房顶拉开，就可以观测天空中的星星了。

262 天文台的屋顶为什么造成半球形的？

天文台别具一格的半球形屋顶其实是天窗。天窗可以随意改换角度，使天文学家可以观测天空中的任意方向。天文学家拉开天窗露出望远镜，并瞄准要观测的对象，再使天窗和望远镜以地球的自转速度匀速转动，就可以锁定被观测对象了。

意大利科学家伽利略的塑像

263 谁发明了天文望远镜？

最早的天文望远镜是意大利科学家伽利略于 1609 年发明的。伽利略制造的是一台折射望远镜，以凸透镜作为物镜，凹透镜作为目镜。伽利略用其发明的望远镜看到了太阳黑子，观测到月球上的高地和环形山投下的阴影，并且发现了木星的四颗卫星。

264 折射望远镜和反射望远镜有什么不同？

早期的望远镜分为折射望远镜和反射望远镜两种类型，它们的设计原理不同。折射望远镜采用了能够折射光的透镜来收集和聚集光线，反射望远镜则采用反射镜来收集和聚焦光线。

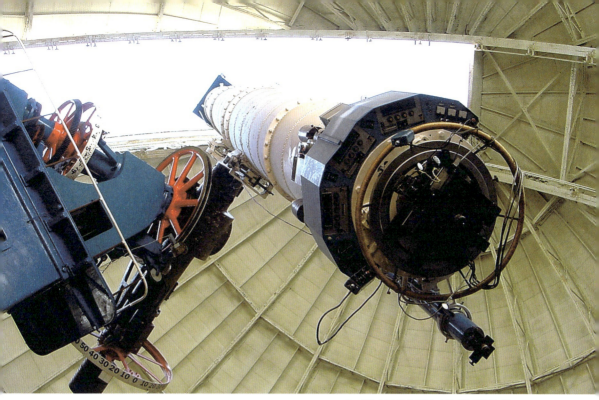

叶凯士天文台里的叶凯士折射望远镜

265 世界上最大的折射望远镜有多大?

1897 年，世界上最大的折射望远镜——叶凯士折射望远镜建成，它的物镜直径有 101 厘米，安放在美国威斯康星州的叶凯士天文台。

266 望远镜为什么越做越大?

望远镜的大小通常指它的通光口径，也就是物镜的直径大小。口径越大，收集到的天体辐射就越多，聚光本领就越强。因此，望远镜口径越大，观察能力越强。光学望远镜的口径已从当初的几厘米发展到现在的 10 米，而射电望远镜、红外望远镜、紫外望远镜、X 射线望远镜等也都是越做越大。

267 什么望远镜没有镜片？

射电望远镜不用任何镜片，只有一架高分辨率的天线和一台非常灵敏的无线电接收装置。它靠接收天体发出的无线电波来观测天体，因此比光学望远镜的观测距离要远得多，并且在使用时不受时间和气候变化的影响。

268 世界上最大的可移动射电望远镜能看多远？

目前，世界上最大的可移动射电望远镜是美国的绿岸射电望远镜，它的反射盘口径达100 米，犹如一个小操场。利用它，我们能观测到距离我们100 多亿光年的天体。

| 射电望远镜

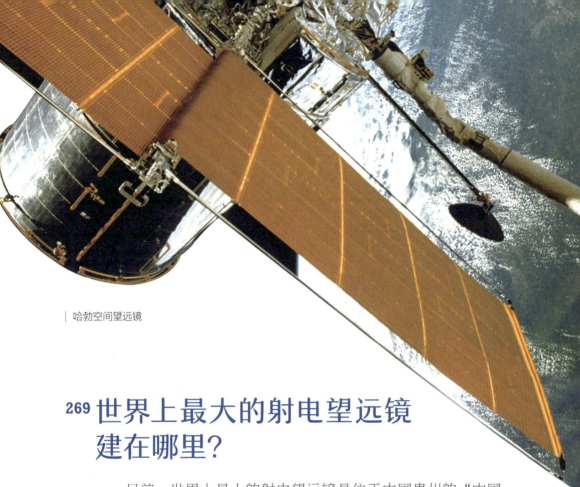

哈勃空间望远镜

269 世界上最大的射电望远镜建在哪里?

目前，世界上最大的射电望远镜是位于中国贵州的"中国天眼"（FAST），其反射面的口径达 500 米，相当于 30 个足球场的大小。"中国天眼"开创了建造巨型望远镜的新模式，灵敏度达到世界第二大望远镜的 2.5 倍以上，大幅拓展了人类的视野，用于探索宇宙起源和演化。

270 为什么哈勃空间望远镜拍到的图像特别清晰?

在地球上，无论多高的地方都有大气，这妨碍了人们观测天体。而哈勃空间望远镜是在离地球几百千米的轨道上运行的，摆脱了大气对天文观测的一切干扰，因此拍摄到的图像比地面拍摄的图像要清晰 10 倍。

271 飞机为什么不能飞出地球？

　　飞机帮人们实现了在空中飞翔的愿望，可是飞机却不能把人们带出地球以外。这是因为飞机是借助空气的浮力升到空中的，就算它在飞行时可以达到第一宇宙速度，也不能飞到大气层外面，而且目前的普通飞机也达不到这个速度。

272 航天器为什么能够飞离地球？

航天器之所以能克服地球的引力飞离地球，是因为它的速度很快，超过了第一宇宙速度，达到了第二宇宙速度（脱离速度）。根据牛顿定律，可以算出第二宇宙速度是 11.2 千米／秒。只有超过这个速度，航天器才能真正摆脱地球的束缚，向宇宙深空飞去。

| 飞在太空中的航天器

273 谁最早制成了液体燃料火箭？

1925 年 11 月，美国的工程师戈达德研制出小型液体燃料火箭发动机，它以煤油和液氧为推进剂，成功地工作了 27 秒。1926 年 3 月 16 日，由他创制的世界上第一枚液体燃料火箭发射成功。虽然火箭只运行了 2.5 秒，飞了 12 米高，但它是航天史上一个重要的里程碑。

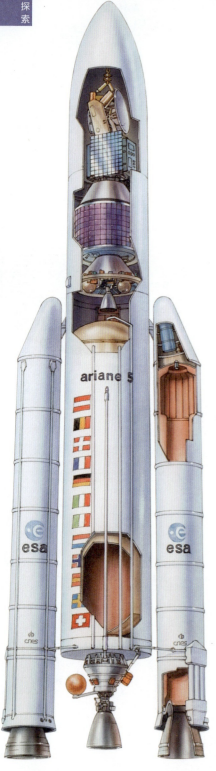

274 火箭是由哪些部分构成的？

火箭是一个长的圆柱体，总共有三大系统：结构系统、动力系统、控制系统。结构系统是火箭的躯壳，保护内部各组织；动力系统是火箭的生命之源，由燃料部分和发动机部分组成；而控制系统就像是大脑，指挥火箭控制飞行速度、工作方式以及确定飞行目标。

275 火箭有什么用？

火箭的用途很广泛。我们节日放焰火用的小火箭和把人类送上天的巨型运载火箭都是火箭家族的成员。军事上，火箭可用于攻击敌方的军事目标和侦查敌方的军事设施。航天上，火箭可作为运载工具，把人造地球卫星、宇宙飞船和空间探测仪器等送上预定轨道。

火箭是目前唯一能使物体达到宇宙速度，克服或摆脱地球引力，进入宇宙空间的运载工具。火箭的速度是由火箭发动机工作获得的。

276 火箭有哪些种类？

根据动力能源不同，火箭可分为化学火箭、核火箭和电火箭。化学火箭又可分为固体火箭、液体火箭和混合推进剂火箭。但是无论哪一种火箭，它们的工作原理基本相似。随着火箭技术的进步，火箭的运载能力也会越来越大，它将在人类的航天探索中发挥更重要的作用。

277 为什么火箭的"生命"很短暂？

火箭是一次性的运载工具，一般只有 10 分钟到 20 分钟短暂的"生命"。当火箭将所运载的东西送入预定轨道后，它就已经完成了使命，然后会坠入大气层中，结束它那辉煌而又短暂的一生。

火箭是以热气流高速向后喷出，利用其产生的反作用力向前运动的喷气推进装置。

278 为什么发射卫星时要用多级火箭？

火箭要达到宇宙速度，必须连续得到能量，使其加速运动。多级火箭就是把两个以上的燃料箱首尾衔接在一起。用它来发射卫星，不仅可以连续增加射程，而且用完一个就可以把空壳抛掉，以减轻负荷，提高火箭飞行速度。

279 哪个国家最早成功发射了人造卫星？

20 世纪中期，西方国家已积极准备发射人造卫星，可是最先把人造卫星送上天的却是苏联。1957 年 10 月 4 日，在拜科努尔航天中心，重达 83.6 千克的"卫星 1 号"腾空而起，进入绕地轨道，共飞行了 102 天。这是人类第一次把人造卫星送上天。

280 为什么人造卫星的发射总是自西向东？

所有国家在发射卫星时，总是把发射方向指向东方。这是因为地球是自西向东旋转的，将人造卫星由西向东发射时，可以利用地球的惯性，大大节省燃料和推力。但是由于各国所在的位置不同，所以发射的方向总是偏北或偏南一些。

281 为什么人造卫星不会从天上掉下来？

人造卫星之所以能飞到高空运行，是因为火箭载着它不断地去克服地球引力和空气阻力。人造卫星被火箭送上天以后，就独立出来，依靠惯性在空中运行，这时它处在地球引力与自身离心力相平衡的状态下，所以不会掉下来，除非科学家人为地让它从天上掉下来。

282 人造卫星都有哪些类型？

人造卫星是人类发射到地球轨道上的人造天体，不同的类型有着不同的职能。有传播无线电波的通信卫星，有不受大气层限制的天文观测卫星，有预报天气的气象卫星，还有军事卫星，等等。它们都是人造卫星大家族的成员。

283 为什么说通信卫星都是静止卫星？

我们在地球的任何地方都可以用手机通话，这就是依靠通信卫星来实现的。通信卫星的运行与地球是同步的，相对地球是静止的，所以又被称为同步卫星。

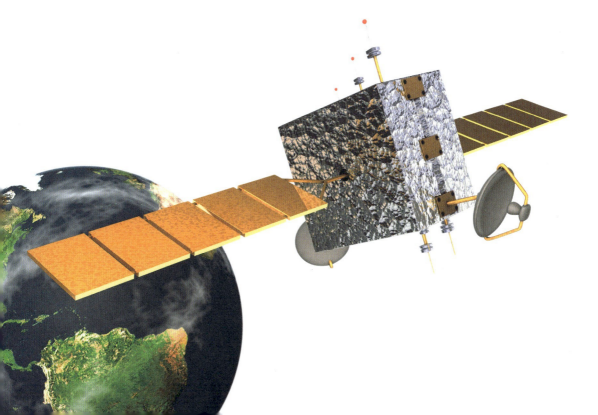

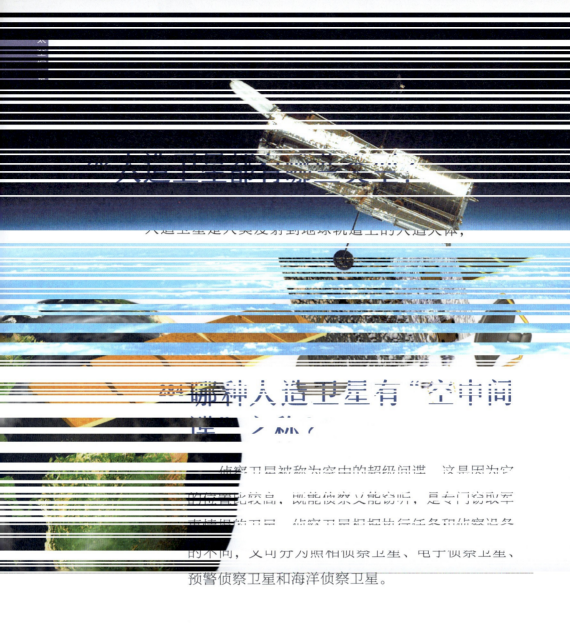

人造卫星是人类发射到地球轨道上的人造天体，

284 哪种人造卫星有"空中间谍"之称？

侦察卫星被称为空中的超级间谍，这是因为它的位置比较高，既能侦察又能窃听，是专门窃取军事情报的卫星。侦察卫星根据执行任务和侦察任务的不同，又可分为照相侦察卫星、电子侦察卫星、预警侦察卫星和海洋侦察卫星。

285 为什么气象卫星能够预报天气？

气象卫星是专门进行气象观察的卫星。它上面装有特殊的照相机，可以在空中不断地收集和拍摄地球上空的气象资料，并把它们传回地面。科学家通过研究分析这些资料就能预报天气了。

²⁸⁶什么是卫星定位导航？

　　卫星定位导航也叫卫星全球定位系统，是靠设在太空中的导航卫星来实现定位的。美国全球定位系统共有 24 颗卫星，分布在 6 个轨道面内，其中包括 21 颗工作卫星和 3 颗备用卫星。

²⁸⁷ 人造卫星的寿命有多长？

　　人造卫星的寿命长短不一，差距悬殊。有的卫星寿命很短，仅在轨道上运行一天，就会落入大气层焚毁了。但据估计，如果没有遇上陨石等意外事故，最长寿命的卫星能够在太空中运行 100 万年。

288 被称为"太空百慕大"的地方在哪里？

大西洋上的"百慕大三角"是著名的海上事故多发区，而在地球上空中也有一个类似的地方——位于几百千米处的一条环状的内辐射带，它是由地球磁场俘获的外层空间的高能粒子组成的。好多低轨道卫星运行至这里，就好像落进了电子"陷阱"，频频出问题。好在科学家发现了它，并对卫星采取了防护措施。

289 干扰卫星通信的"日凌中断"现象是怎么回事？

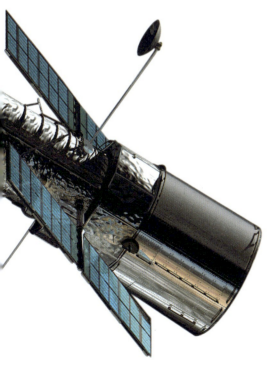

每年春分和秋分前后，太阳运行到地球赤道上空。由于通信卫星大多都运行在赤道上空，这期间如果太阳、通信卫星和地面卫星接收天线恰巧又在一条直线上，那么电磁波对人造卫星的影响也就最强烈，严重的会造成卫星信号传输障碍、信号质量下降甚至中断，这就是所谓的"日凌中断"现象。

尤里·加加林的塑像

290 最早上天的航天员是谁?

1961 年 4 月 12 日莫斯科时间 9 时 7 分,苏联年仅 27 岁的空军少尉尤里·加加林乘坐着"东方 1 号"宇宙飞船飞上了太空,完成了历史性的绕地球一圈。当飞船安然无恙地降落在伏尔加河畔后,他便成为万众敬仰的大英雄。

瓦莲京娜·捷列什科娃

291 第一个上天的巾帼英雄是谁?

人类历史上第一个飞向太空的女性是苏联航天员瓦莲京娜·捷列什科娃。1963 年 6 月 16 日至 19 日,她单独乘坐"东方 6 号"宇宙飞船绕地球飞行了 48 圈,航程为 195 万千米。她的这次壮举向人们证明了女性也可以踏上航天之路。

292 什么是宇宙飞船？

宇宙飞船其实就是载人的卫星，但与卫星不同的是，它有应急、营救、返回、生命保障等系统，以及雷达、计算机和变轨发动机等设备。宇宙飞船的体积和质量都不大，因此每次只能载 2 ~ 3 名航天员，在太空中也只能停留几天。

293 宇宙飞船有哪几种结构类型？

目前，人类已经研制出三种结构的宇宙飞船，即一舱式、两舱式和三舱式。一舱式结构最简单，只有航天员的座舱；两舱式由座舱以及提供动力、电源、氧气和水的服务舱组成，可改善航天员的生活和工作环境；三舱式是在两舱式的基础上增加了一个轨道舱，可用做活动空间，进行科学实验。

294 宇宙飞船的返回舱模样为什么那么怪？

返回舱返回时会重新进入大气层，千变万化的气流会使高速飞行的返回舱难以保持固定的姿态，因此必须把返回舱做成不倒翁的形状——底大头小，这样就不怕气流的扰动了。

| 飞船返回舱

295 宇宙飞船上有黑匣子吗？

与飞机一样，飞船上也安装有黑匣子，它位于飞船的返回舱内，是用来记录飞船飞行数据的电子设备。为了便于辨认寻找，飞船的黑匣子也被涂成了橘红色。

296 航天飞机具有什么样的特点?

航天飞机是集卫星、飞机、宇宙飞船于一体的飞行器。它靠火箭发动机提供动力,既可以在大气层中穿行,又能在星际空间里自由翱翔。跟其他的飞行器相比,航天飞机是世界上唯一可以部分重复使用的航天飞行器,可以实现定点着陆和无损失返回。

297 航天飞机有什么用?

从本质上来讲,航天飞机其实就是一种运输工具。在航天飞机上,研究人员可以制造出纯度极高的金属制品、特种合金和特效药,还可以进行太空栽培、动物生理实验等。另外,航天飞机还能发射飞船,捕捉并修复一些已经失效的卫星。

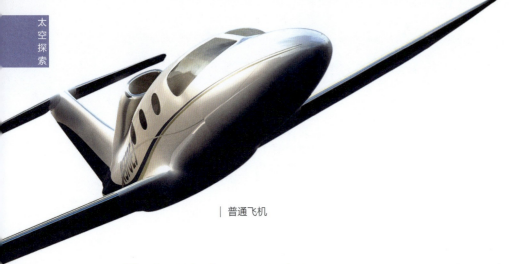

| 普通飞机

298 什么是空天飞机？

空天飞机是一种操作简便的无人驾驶飞行器，集飞机、运载器、航天器等多种功能于一身，既能在大气层中像航空飞机那样利用大气层中的氧气飞行，又能像航天飞机那样在大气层以外利用自身携带的燃料飞行。空天飞机起飞时不必借助火箭发射，而且可以任意选择轨道，降落时可以像普通飞机一样自由选择跑道。

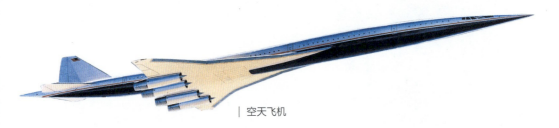

| 空天飞机

299 什么是空间站？

空间站是运行在近地轨道上的一种小型实验性科研与军事活动的基地，上面有维持人体正常活动的环境，保障航天员开展各种工作的仪器设备，以及为人和设备服务的各种装备，可载人长期飞行。

航天飞机与空间站正在对接。

300 空间站上都有哪些生活设施?

空间站上设有先进的生活设施,包括食品柜、电热器、饮水箱、座椅、睡铺、卫生间、淋浴装置等;文化设施则包括专门收看地面电视节目的电视机和各种体育锻炼器材;还有可靠的生命保障系统,包括大气再生器和水再生器等。

301 为什么说航天服是航天员的生命保障系统?

航天服是航天员的生命保障系统,也是航天员进行太空行走的生命屏障。航天服能够经得起细小陨石和微尘的高速冲击而不会破损,可以很好地保护航天员免受各种伤害。另外,航天服里有供氧和通风等设备,还可以储存一定量的食物和水,而且有能容纳排泄物的装置。

302 要想成为航天员需要具备哪些身体条件？

人人都羡慕能在太空中遨游的航天员，可是要成为航天员之前必须要经过专门的训练。除了身体健康外，还有一些特殊的要求：身高最好在1.6 ~ 1.75米之间，体重限制在80千克以下，因为如果体重超标有可能使太空舱负载过重。

303 航天员需要掌握哪些知识？

每个航天员都要掌握太空环境、星体运行等方面的知识。此外，航天员还必须熟悉火箭和各种航天器的设计原理、结构、导航控制、通信，另外还有座舱中的设备和各种仪表的性能，以及简单的检修技术。

304 为什么航天员回到地球后要适应一段时间？

航天员在太空中处于失重状态，而且活动空间很小。当航天员回到地球时，他的体重会大大减轻，肌肉也会收缩，甚至一部分肌肉失去了原来的功能，连走路都很困难。这时，航天员需要通过训练，才能逐渐适应地球上的生活。

305 为什么航天员在太空吃的食物大多是膏状的？

太空中没有重力，所有的物品如果不固定都会飘浮在空中。为了避免吃饭时食物乱飞，就把航天员的饭菜做成膏状的。吃的时候要像挤牙膏那样把食物挤进嘴里，这样就不会有粉末或食物残渣飘在空中，影响航天员的呼吸了。

306 哪艘宇宙飞船最早到达月球？

1959 年 1 月 4 日，苏联发射的"月球 1 号"飞船顺利到达了月球的上空，它离月球的最近距离只有 5995 千米，这是人类第一次如此近地接近月球。对人类来说，"月球 1 号"已经算是到达月球了。

307 第一个登上月球的人是谁？

苏联飞船登月连续成功，美国人也不甘落后，花了大力气研究载人登月。1969 年 7 月 16 日，美国发射的"阿波罗 11 号"飞船载着三名航天员飞向了月球，飞船释放的载人登月舱于当月 21 日降落在月面上。第一个走出飞船、踏上月球的人是尼尔·阿姆斯特朗。

308 "神舟"系列飞船都是由哪一种火箭发射的?

将"神舟"系列飞船送上天的功臣是"长征二号 F"捆绑式大推力运载火箭。它是我国首次为载人航天研制的新型火箭,首次采用垂直总装、垂直测试和垂直运输的"三垂"发射模式,也是中国所有运载火箭中起飞重量最大、长度最长、系统最复杂的火箭。

309 我国第一艘载人宇宙飞船是何时发射成功的?

2003 年 10 月 15 日是一个令所有中华儿女都振奋的日子,我国独立研制的"神舟五号"载人飞船,在中国航天第一城酒泉卫星发射中心成功发射,进入预定轨道。杨利伟成为第一个乘坐中国自己的飞船上天的中国人。

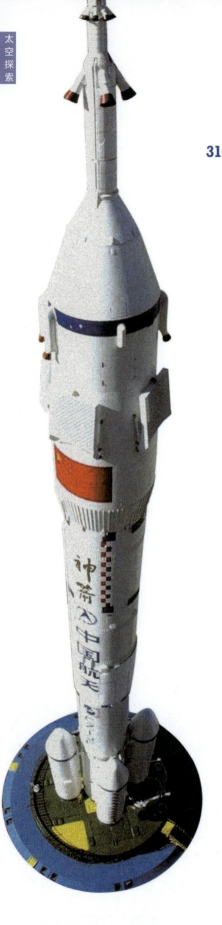

310 "神舟六号"飞船在技术上有哪些突破?

"神舟六号"飞船于 2005 年 10 月 12 日,载着费俊龙和聂海胜两名中国航天员驶向太空。它成功执行了"多人多天"任务。为实现这项任务,飞船上新增加了 40 余台设备和 6 个软件,做出了 4 个方面 110 项技术改进。像食品柜、食品加热器、睡袋、清洁用品柜、大小便收集装置等都是首次启用。另外,对提高航天员安全性的一系列装置也进行了很好的改进。

311 "神舟七号"飞船在空中飞行了多长时间?

"神舟七号"飞船载着翟志刚、刘伯明和景海鹏三名航天员,于 2008 年 9 月 25 日从酒泉卫星发射中心发射升空,9 月 28 日在内蒙古四子王旗成功着陆,整个过程用时 2 天 20 小时 28 分钟。

312 我国第一位在太空行走的航天员是谁?

中国宇航员翟志刚

2008 年 9 月 27 日下午,"神舟七号"上的航天员翟志刚穿上中国自行研制的第一套舱外航天服,打开舱门,成功实施中国首次空间出舱活动,成为中国太空行走第一人。

313 "神舟"飞船的"三舱一段"结构各有什么用?

"神舟"飞船的"三舱一段"结构分别是指推进舱、返回舱、轨道舱和附加段。推进舱是飞船在空间运行及返回地面时的动力装置;返回舱是飞船起飞、飞行和返回过程中航天员乘坐的舱段,也是整个飞船的控制中心;轨道舱是航天员在太空中工作和生活的场所,装有各种实验仪器和设备。附加段也叫作过渡段,是为将来与另一艘飞船或空间站交会对接做准备的。

314 为什么许多科学实验要在太空中完成？

太空中具有高洁净、高真空和微重力的环境，这使得太空成为科学研究的优良实验室，非常有利于进行科学实验。像微重力环境，对于育种、金属冶炼或合金制造很有利；高洁净环境使得纯度极高的化学物质、生物制剂和特效药品等生产成为可能。

315 宇宙中有其他生命存在吗？

目前各种研究表明，太阳系中除了地球以外，尚未发现有生命存在的星球，但这并不意味着茫茫宇宙中没有其他生命存在。事实上，科学家通过对落在地球上的一些陨石进行分析，发现太空中存在有机分子，这意味着生命诞生是有可能的。宇宙大得不可想象，随着科技的发展进步，人类能去探索更多星球，说不定会发现有生命存在的星球。

316 "地球名片"是怎么回事?

1972 年 3 月和 1973 年 4 月,美国先后发射了"先驱者 10 号"和"先驱者 11 号"空间探测器,它们各自携带了一张"地球名片"飞向宇宙。"地球名片"其实是一张星际问候卡,由镀金铝板制成,可以保存几十亿年,上面刻着太阳与 14 颗脉冲星的相关位置、太阳系示意图和地球方位,还绘有代表地球人类的男女图像。

317 "地球之音"向外星人传递了人类的哪些声音?

1977 年 8 月和 9 月,美国先后发射了"旅行者 1 号"和"旅行者 2 号"空间探测器,它们各带着一张被称为"地球之音"的特别唱片驶向太空。唱片可以保存 10 亿年,上面有我们精心制作的详细"自我介绍",包括 115 张照片和图表,35 种大自然及人类活动的声音,27 首世界名曲,近 60 种语言的问候语。

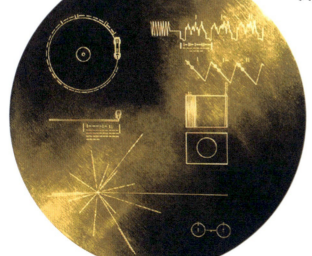

"旅行者号"探测器上携带的
"地球之音"光盘

318 绿岸公式能帮我们找到外星人吗?

地球之外是否存在生命,一直是人类探索的宇宙之谜。于是,有天文学家采用数学推理的方法,来解释这一谜团,并提出了"绿岸公式"。"绿岸公式"指出,宇宙像无垠的沙漠,拥有生物的星球就像浩瀚沙漠中相互隔离的小片"绿洲",而这些"绿洲"是由一系列因素的乘积求得。科学家根据公式算出,银河系中可能拥有高度文明的天体数为 2484 颗,这相比银河系的 2000 多亿颗恒星,实在少得可怜。比例如此小,难怪我们无法确定在哪里才能找到外星人。

| 想象中的外星人

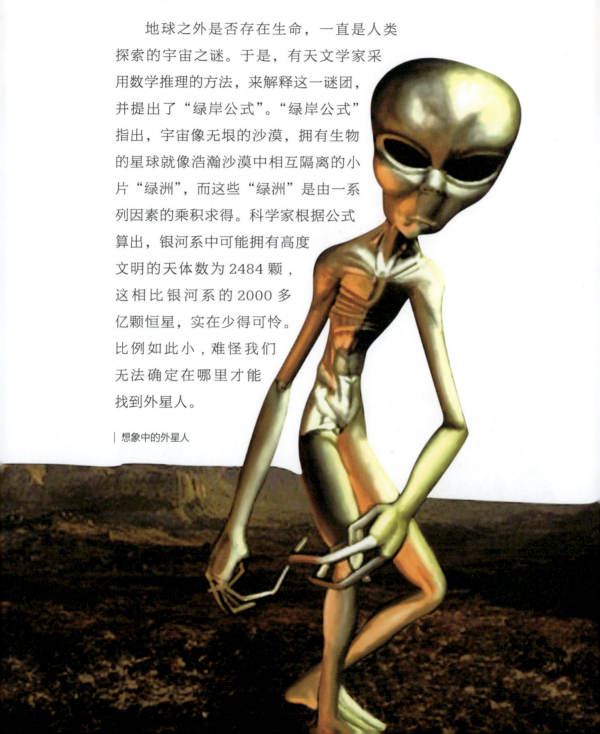

³¹⁹ 你知道人类最早实施的太空文明搜索计划是什么吗?

1960 年 4 月,美国开始了"奥兹玛"计划,利用射电天文台监测宇宙,到 7 月累计监听了 150 个小时,但未获得任何结果。这是人类最早实施的太空文明搜索计划。1972 年至 1975 年,美国又开始了"奥兹玛 II"计划,对距离地球 80 光年范围内的 650 多颗恒星进行监听,结果仍一无所获。到 20 世纪 90 年代,美国开展了更大规模的搜索行动——"凤凰"计划,继续这一探索。

³²⁰ "飞碟"是天外来客吗?

从 1947 年有报道称发现"飞碟(UFO)"以来,已有成千上万的人自称目睹过"飞碟",他们认为它是外星智慧生物乘坐的飞船。然而有研究表明,人们看到的所谓的"飞碟"大多都是人眼错觉造成的。因此,尽管这一说法激动人心,但相关的证据至今没有找到。

图书在版编目（CIP）数据

你不可不知的十万个宇宙之谜 / 禹田编著. —昆明：
晨光出版社，2022.3（2023.8 重印）
ISBN 978-7-5715-1313-9

Ⅰ.①你… Ⅱ.①禹… Ⅲ.①宇宙－儿童读物 Ⅳ.
① P159-49

中国版本图书馆 CIP 数据核字（2021）第 225369 号

NI BUKE BUZHI DE SHIWAN GE YUZHOU ZHI MI

你不可不知的十万个宇宙之谜

禹田 编著

出 版 人　杨旭恒

选题策划　禹田文化
项目统筹　孙淑婧
责任编辑　李　政　　常颖雯
项目编辑　吴永鑫　　石翔宇
装帧设计　尾　巴
内文设计　吴雨谦

出　　版　云南出版集团　晨光出版社
地　　址　昆明市环城西路 609 号新闻出版大楼
邮　　编　650034
发行电话　（010）88356856　88356858
印　　刷　北京顶佳世纪印刷有限公司
经　　销　各地新华书店
版　　次　2022 年 3 月第 1 版
印　　次　2023 年 8 月第 2 次印刷
开　　本　170mm×250mm　16 开
印　　张　11.25
字　　数　135 千
ＩＳＢＮ　978-7-5715-1313-9
定　　价　29.80 元

图片版权支持　www.fotoe.com　1TU壹图　微图　argus 千目图片　北京千目图片有限公司　www.argusphoto.com